每天3分钟
学会数理化

366个故事培养孩子的理科思维

4~6月　　　[日] 小森荣治 主编　肖潇 译

北京联合出版公司 · 乐音
Beijing United Publishing Co.,Ltd.

目 录

目录

4 月故事

地震液化作用多出现在什么地方？

地球

大地

液化作用的原理

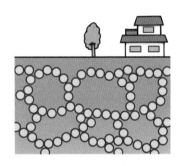

①地下布满沙砾，沙砾的缝隙里充满地下水。

②地下的沙砾变得松散，地下水和沙砾逐渐上升。

③在地面摇晃产生的压迫作用下，沙砾下沉，发生地基液化。

三角龙
第110页问题答案

坚硬的地面产生松动的原因

大地震发生后，会产生一种叫作"液化作用"的现象。具体表现是地面会像液体一样产生松动。这是一种非常危险的现象，也是一个十分棘手的问题。

因为地震，地面不只会产生松动和下沉，还会有地下水和泥沙从地面的裂缝中喷涌而出。并且，路面上的沥青会被剥离，建筑物也会发生倾斜甚至倒塌。

然而，液化作用并不是在所有地方都会发生的。发生液化作用的地方必须具备以下三个条件：

（1）地基由砂土构成；

（2）砂土处于不密实的状态；

（3）砂土的缝隙中充满地下水。

在满足上述条件的地方，发生强烈地震时，就会产生液化作用。

河流附近和人工填埋的地区尤其容易发生液化作用。

自古以来就存在液化作用

要点在这里！ 在由砂土构成，且砂土处于不密实状态及其缝隙中充满地下水的地基上，在发生地震时，会产生液化作用。

1964年发生在日本新潟县的地震让全世界认识了液化作用。然而实际上，液化作用是自古以来就存在的。

举例来说，在日本富山县，人们发现了1858年曾经发生过液化作用的证据。还有证据表明，在距今约1800年前，日本的石川县也曾发生过液化作用。

小测验 发生在日本什么地方的地震使得全世界认识了液化作用？

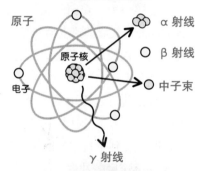
我们每天都生活在辐射中！

来自原子中心的能量

你在电视里或其他地方听说过"放射线"这个词吗？放射线究竟是一种什么样的东西呢？

我们在前面提到过，"原子"（→p.76）是构成世间万物的最小单位。放射线就是由这些原子产生的。

原子是由位于其中心位置的"原子核"和围绕在原子核周围的"电子"共同构成的。并且，由于原子核内部存在多余的能量，会呈现不稳定的状态。

这些不稳定的原子核在变成稳定的原子核的过程中，会向外释放能量。放射线就是其释放的能量中的一种。

放射线分为两类，一类是速度非常快的粒子束，另一类是肉眼看不到的光子流。其中，"α射线""β射线"和"中子束"属于速度非常快的粒子束，而"γ射线"则属于肉眼看不到的光子流。

物体的性质 物体的构造

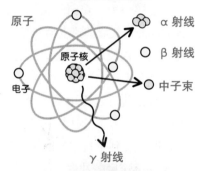

原子与放射线

原子　　　　　　α射线
原子核　　　　　β射线
电子　　　　　　中子束
　　　　　　　　γ射线

自然界的放射线

来自空气
来自宇宙
来自食物
来自岩石和土壤

我们每天都生活在辐射中。

任何地方都有放射线

放射线存在于世界上的任何地方。在自然界中，岩石和土壤都会释放出放射线。此外，空气中也混杂了释放放射线的物质（放射性物质）。我们日常的食物中也含有放射性物质。

甚至还有来自宇宙的放射线（→p.291）。我们日常遇到的放射线被称为"天然辐射"。虽然一次性接触大量的辐射会给身体带来不好的影响（→p.349），但是不用担心，我们在日常生活中接触到的只是极少量的天然辐射。

> **要点在这里！**
> 放射线存在于世界上的任何地方，我们每天都生活在辐射中。

新潟县

第112页问题答案

小测验　释放放射线的物质叫什么？

棒球投手投出曲线球时，球为什么会走出曲线？

物质的作用

力

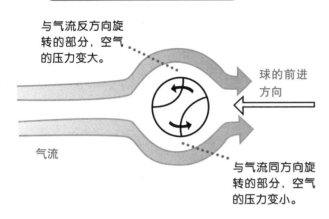

对球施加向左旋转的力时（俯视图）

与气流反方向旋转的部分，空气的压力变大。

球的前进方向

气流

与气流同方向旋转的部分，空气的压力变小。

球的飞行路线会从压力较大的一侧向压力较小的一侧发生弯曲。

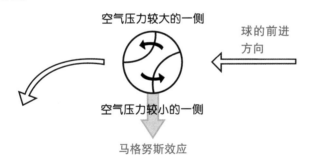

空气压力较大的一侧

球的前进方向

空气压力较小的一侧

马格努斯效应

球的速度和压力

棒球投手能够投出曲线球、滑球等富于变化的球。那么，为什么球的飞行路线会发生变化呢？

这是因为投手在投球时，对球施加了使其横向旋转的力。虽然球在气流中向前飞行，但此时如果球发生了旋转，就会形成与气流同方向旋转的部分和与气流反方向旋转的部分。

这样一来，在与气流反方向旋转的部分，气流的速度会变慢；而与气流同方向旋转的部分，气流的速度就会变快。

球在前进过程中受到来自空气的推力（压力），因此，在气流速度较慢时，受到来自空气的压力较大；而在气流速度较快时，受到来自空气的压力较小。

球的飞行路线会向压力较小的一侧发生弯曲

一旦产生了压力较大和较小的部分，球的飞行路线就会从压力较大的一侧向压力较小的一侧发生弯曲，这种现象叫作"马格努斯效应"。足球中的弧线球同样利用了马格努斯效应。也就是说，如果球员对球施加向左旋转的力，由于右侧的压力变大，球的飞行路线就会向左偏移；如果球员对球施加向右旋转的力，由于左侧的压力变大，球的飞行路线就会向右偏移。

要点在这里！

由于作用于球的压力不同，球的飞行路线会从压力较大的一侧向压力较小的一侧发生弯曲。

小测验 像投球那样，前进的物体在旋转的同时由于气流的作用而导致前进路线发生弯曲的现象叫什么？

生命

人体

用10个月走完5亿年的进化历程

你有没有想过，妈妈肚子里的小宝宝究竟是用了多长时间长大出生的？答案是：大约10个月。

人类经历了漫长的岁月，才进化成现在的样子。而妈妈肚子里的小宝宝只用了短短10个月，就走完了同样的进化历程。

5周大的小宝宝

还没长出胎盘，小宝宝待在一个小小的袋子里。

尾巴　　　　鳃

13周大的小宝宝

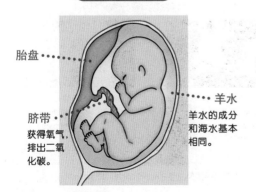

胎盘

脐带
获得氧气，排出二氧化碳。

羊水
羊水的成分和海水基本相同。

人类是由诞生于距今5亿年前的鱼类进化而来的。生活在海里的鱼类来到陆地上，由此诞生了两栖类和爬行类动物，再进一步进化出哺乳类动物，最终孕育出了人类。

因此，妈妈肚子里的小宝宝，起初有着类似鱼类呼吸时使用的"鳃"（→p.56）一样的器官。此外，与许多动物一样，还有一条小尾巴。

小宝宝的"鳃"和"尾巴"会在胚胎发育的第二个月消失，尾巴的位置会留下3~5块骨头，这就是尾骨。

诞生于海洋的痕迹

随着小宝宝逐渐长大，一种叫作"羊水"的液体会逐渐充满妈妈的子宫。小宝宝会在羊水中继续长大。实际上，羊水的成分和海水基本是一致的。据说，这是由于海洋是生命最初诞生的地方，而羊水则是这种生命历程所留下的痕迹。

而且，浸泡在羊水中的小宝宝也能够顺畅地呼吸。从小宝宝的肚脐延伸出去的"脐带"会连接到一个叫作"胎盘"的圆盘形状的器官上，小宝宝就是利用脐带，从胎盘获得氧气，排出二氧化碳的。

> **要点在这里！**
> 妈妈肚子里的小宝宝用大约10个月时间走完了人类5亿年的进化历程。

马格努斯效应

第114页问题答案

在日本的小笠原群岛上，有很多当地特有的生物！

阅读日期（　年　月　日）（　年　月　日）（　年　月　日）

生命 ♥ 动物

拥有大量固有种的群岛

你听说过小笠原群岛吗？它是位于日本东京市区以南约1000千米处的群岛。

虽然日本列岛曾经是亚欧大陆的一部分（→p.60），但小笠原群岛自诞生之日起，就一直是与大陆分离的。因此，岛上生活着大量没有受到周边地区生物的影响、在岛上独自进化的生物。这种只存在于某个特定地区的生物被称为"固有种（固有生物）"。

外来种逐渐增加

小笠原群岛与同样没有与其他陆地相连，拥有大量固有种的加拉帕戈斯群岛类似，因此也被称为"东方的加拉帕戈斯"。

不过，目前在小笠原群岛上，由于原本不属于该地的"外来种（外来生物）"逐渐增加，使得固有种开始出现减少的趋势。

有一种原产于北美的"变色蜥"被作为宠物带到岛上。这种蜥蜴靠捕食岛上固有的昆虫逐渐繁殖起来，给岛上的生态系统造成了巨大的影响。此外，不仅动物，外来植物也在不断侵蚀固有植物的地盘。

因此，小笠原群岛呼吁来岛上的人们要清理掉鞋子上带有的泥土。这是因为清理掉泥土，可以防止把混杂在泥土中的植物种子和虫子带到岛上来。

> **要点在这里！**
> 小笠原群岛从来没有与大陆发生接触，因此，岛上生活着大量特有的生物。

外来种（外来生物）

变色蜥

在小笠原群岛上，外来种的增加，导致固有种逐渐减少。

固有种（固有生物）

小笠原小灰蝶（学名：Celastrina ogasawaraensis）

小笠原蝉（学名：Meimuna boninensis）

小笠原线蜻蜓（学名：Indolestes boninensis）

第115页问题答案

小测验 只生活在某个特定地区的生物叫什么？

火焰的颜色为什么有时是橙色的，有时是蓝色的？

4 月 6 日

阅读日期（　　年　　月　　日）（　　年　　月　　日）（　　年　　月　　日）

蜡烛火焰的颜色

蜡烛的火焰看起来是橙色的。但是，煤气灶和煤气炉的火焰看起来却是蓝色的。为什么火焰的颜色看起来会不一样呢？

蜡烛被点燃后，热量会使蜡熔化变成液体。变成液体的蜡会存在靠近蜡烛芯的凹陷处，不断向上涌，进一步受热后变成气体。

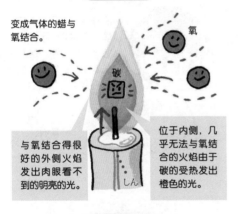

蜡烛的火焰

变成气体的蜡与氧结合。

氧

碳

与氧结合得很好的外侧火焰发出肉眼看不到的明亮的光。

位于内侧，几乎无法与氧结合的火焰由于碳的受热发出橙色的光。

しん

煤气的火焰

含氧量增加时

原子团

碳

数个自由基发出蓝色的光。

含氧量减少时

碳发出橙色的光。

这种气体与空气中的氧结合，使得蜡烛能够持续燃烧。

气体燃烧时，会产生光和热。因此，与氧结合得最好的最外侧火焰以高温燃烧，发出明亮的光。但是，由于其过于明亮，我们几乎看不到它。

我们所看到的橙色部分，其实是稍稍靠近内侧的火焰。这个部分由于几乎无法接触到氧，温度要比外焰低。因此，蜡中所包含的"碳"不会燃烧，而是由于火焰的热量导致其发出橙色的光。

煤气火焰的颜色

煤气灶和煤气炉已经在燃料中预先混入了氧。煤气（甲烷）燃烧一般会变成二氧化碳和水，但是，增加其含氧量、提高其燃烧的温度后，在燃烧过程中会产生数种带有多余能量的不稳定物质，即"自由基"。自由基在变成稳定物质的过程中，会发出蓝色的光。

但是，当氧气含量减少，燃烧温度降低时，煤气就会和蜡烛一样，由于碳受热发光而呈现出橙色。

要点在这里！

含氧量较低时，可以看到碳受热发出的橙色的光。将大量的氧混入煤气中，会产生原子团，燃烧时发出蓝色的光。

物质的作用

光

第116页问题答案
固有种（固有生物）

小测验　我们看到蜡烛的火焰呈橙色，是哪种物质在发光？

117

"压力"是由身体的哪个部位产生的？

阅读日期（　　年　　月　　日）（　　年　　月　　日）（　　年　　月　　日）

紧张感的传导方式

我们经常会听到"感觉有压力"或者"压力很大"这样的说法。这里的"压力"是精神压力，是指从周围的环境中受到某种刺激，从而导致自身产生了不愉快或不安等感觉，进而使得身心处于不稳定的状态。

压力首先是由脑感知的。脑感知到压力后，身体就会启动自我保护机制，想要在压力下保护身体。但是，如果这种保护状态长期持续下去，自我保护机制就不能很好地发挥作用了，从而对身体产生一定的影响。

保护身体的机制崩溃

感觉到较大的压力后，身体会出现诸如焦灼不安、头痛、眩晕、想吐、腹痛、颈肩僵硬、犯困等症状。这是压力给身体的自我保护机制带来影响的缘故。

人体具有将身体稳定在一定的状态下，以维持生命和保证身体健康的作用。举例来说，我们感觉到冷的时候，身体就会借发抖的方式产生热量，来维持体温。

此外，当有可能致病的病毒（→p.30）侵入人体时，细胞也会为了保卫身体健康而与之做斗争。

但如果长期感觉到有压力，这种身体的自我保护机制就会失去平衡，不能很好地发挥作用了。

正常状态

在我们体内，有各种维持生命和守护身体健康的机制在不停地运转。

为保卫身体而战斗吧！

有压力的状态

由于要在压力下守护身体，体内的各种机制都会发挥作用，这种状态长期持续下去，就会导致各种机制失去平衡。

好累啊！

压力

> **要点在这里！**
> 压力会对身体的自我保护机制产生整体性影响，使其不能很好地发挥作用。

小测验 通过感知到不愉快和不安，使得身心处于不稳定状态的东西叫什么？

人造卫星的太阳能电池板，设计灵感来自折纸！

阅读日期（　　年　　月　　日）（　　年　　月　　日）（　　年　　月　　日）

不断重复凸折和凹折。

三浦折叠

可以折成体积较小的形状，展开也十分方便。

人造卫星的太阳能电池板

人造卫星为了将太阳能电池板折叠到最小，采用了"三浦折叠"方法。

要点在这里！

人造卫星的太阳能电池板，采用了基于折纸的思路而发明的『三浦折叠』的方法。

什么是"三浦折叠"？

在日本的书店等出售地图的地方，可以看到有些较大的地图上写着"三浦折叠"。

采用"三浦折叠"的地图，折叠后可以避免体积过大，携带起来十分方便。想查看地图的时候，只要拉动对角线的部分，就能瞬间将其展开。

"三浦折叠"发明于1970年，是日本航空航天工程师三浦公亮在进行人造卫星太阳能电池板的相关研究时想出来的折叠方法。

人造卫星上搭载了利用太阳光发电的太阳能电池板。但是，发射人造卫星时，必须将太阳能电池板折叠成很小的形状，以便将其放入位于火箭前部的"整流罩"中。并且，在火箭进入宇宙后，人造卫星与火箭脱离时，太阳能电池板必须能够马上展开。在这样的需求背景下，基于折纸的思路，诞生了"三浦折叠"方法。

在宇宙中进行的实验

1995年，日本利用H-Ⅱ火箭发射了人造卫星"宇宙实验·观测自由飞行器装置（SFU）"，进行各种空间实验。其中一项就是检测用了"三浦折叠"方法的太阳能电池板的展开和折叠的实验。

后来，这种技术获得了全世界的关注。

地球

宇宙

第118页问题答案

压力

小测验　"三浦折叠"是借鉴了什么的思路发明出来的折叠方式？

白蚁为什么会吃木质房子？

生命

虫类

白蚁的食物

在日本木质房屋非常常见，啃食房屋木头的白蚁很令人头疼。

白蚁是蟑螂的同类，据说是世界上数量最多的昆虫。

目前已知全世界约有2500种白蚁，其中有20种生活在日本。在这些白蚁中，以栖北散白蚁为代表的4种白蚁会啃食建造房屋所用的木材，对房屋造成损害。

白蚁食用木材中含有的一种名为"纤维素"的纤维，并将其转化为营养以维持生存。因此，白蚁不仅会啃食木材，还会啃食报纸、棉质衣服等所有含有纤维素的东西。

不过，生活在森林里的白蚁可以啃食倒下的树木，通过清理树木的方式保护森林。而对我们常见的黑蚂蚁来说，白蚁则是它们重要的营养来源。

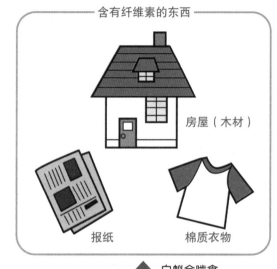

含有纤维素的东西

房屋（木材）

报纸　　棉质衣物

↑ 白蚁会啃食它们。

吃入的纤维素会被白蚁肠道内的微生物分解，转化为营养成分。

分解纤维素的物质

植物利用太阳光，从二氧化碳和水中制造出一种叫作"淀粉"的营养成分。同时制造出来的，还有用于植物生长的纤维素。

除食草动物外的大多数动物，即使食用了纤维素也不能消化。但是，在白蚁的肠道内，有一种能够分解纤维素，并将其转化为营养成分的微生物。正是由于这种微生物的存在，才使得白蚁能够食用纤维素。

要点在这里！

白蚁可以将一种叫作纤维素的纤维转化为自身所需的营养，因此会啃食用于建造房屋的木材等含有纤维素的东西。

折纸

第119页问题答案

小测验　白蚁吃掉的是木材里含有的什么成分？

生命

微生物

仅凭借雌性就能产卵？！

稻田的水里生活着各种各样的生物。其中，有一种通体透明的小型生物，叫作水蚤。

水蚤有一个特别之处，那就是仅凭借雌性自身就能完成繁殖。这种实现繁殖的现象叫作"孤雌生殖"。

水蚤仅凭借雌性自身就能完成繁殖，并且繁殖出来的也全部是雌性幼虫。长大后，

这些雌性水蚤继续产卵，周而复始，使得种群数量快速增加。然而，在食物不足、因天气变冷导致水温下降等环境恶化的情况下，水蚤会产下雄性幼虫。雌性水蚤与长大后的雄性水蚤进行交尾，之后会产下一种特别的卵——"耐久卵"。耐久卵可以在恶劣环境下生存数年、生命力极其顽强。当周围环境再次好转后，耐久卵才会发育成新的雌性水蚤。

孤雌生殖的优、缺点

孤雌生殖的优点在于，不需要寻找雄性，可以在短时间内孕育出大量的后代。

但同时，孤雌生殖也存在缺点，那就是对环境的适应性较差。

在生物体中，雌性和雄性交尾后孕育出后代的动物，其后代结合了雌雄双方的特点。而孤雌生殖所产生的后代，只具备与母体完全相同的特征。

如果后代具备与母体不同的特点，在生存环境发生变化时，就存在一部分子女可以生存下去的可能。但如果后代的特征与母体完全相同，则有可能出现母代与子代都无法适应环境变化的情况，从而导致全军覆没。

孤雌生殖

优点 不需要寻找雄性，可以在短时间内孕育出大量的后代。

缺点 有可能全军覆没。

生存环境恶化后……

生育雄性，交尾后产下耐久卵。

耐久卵

雄性

要点在这里！

水蚤只凭借雌性自身也能进行繁殖。这种只凭借雌性就能增加后代数量的现象叫作『孤雌生殖』。

纤维素

第120页问题答案

物质的作用

声音

以前用绳索下探的方式进行测量

世界上最深的海沟，在位于日本列岛以南2000千米以外的"马里亚纳海沟"。这里的水深约10,920千米，足以将世界第一高峰珠穆朗玛峰（约8848米）完全没入其中。人类是无法潜入如此深的海底的。那么，人们究竟是如何测量海水深度的呢？

很久以前，人们曾经在绳索的末端绑上重物，然后将绳索下探至海底，通过查看绳索的长度来测量海水的深度。但是，绳索在下沉的过程中，有可能因为水流的冲击而发生偏移，因此，采用这种方法无法准确测量出海水的深度。

利用声音返回所需的时间进行测量

到了距今约100年前，人们逐渐开始利用声音测量海水的深度。我们日常听到的声音来源于空气的振动（→p.141），通过使水产生振动，声音也可以在水中进行传播。声音在水中的传播速度约是1500米/秒。也就是说，从船上向海底发出声音，只要得到声音重新返回船上所需要的时间，就能够计算出海水的深度。

此外，除了利用声音，还出现了利用激光测量海水深度的相关研究，并且已经开始部分应用于实践了。

如果声音发出后6秒传回，那么声音抵达海底的时间就是3秒。声音在水中的传播速度约为1500米/秒，由此可以计算出此处的海水深度约为1500×3=4500米。

之前，人们是朝一个固定点发出声音进行探测的，现在可以利用呈扇面状扩散的声音一次性探测较大范围内的海水深度。

返回的声音

第121页问题答案　耐久卵

要点在这里！

通过测算从船上发出的声音返回船上所需要的时间，能够计算出海水的深度。

小测验　世界上海水最深的地方在哪里？

月球表面为什么会有纹理?

阅读日期(年 月 日)(年 月 日)(年 月 日)

月球上有"海"和"高地"

观察满月时,我们会看到月球表面有许多纹理。这些纹理看起来像是月球上的"海"和"高地"。"海"就是月球表面看起来发黑的地方,而"高地"则是看起来较白的地方。

月球表面的颜色差异是由其表面的"环形山"造成的。环形山是陨石撞击月球表面所形成的圆形凹陷。"高地"部分环形山较多,主要由白色的岩石构成,因此看上去较白。

而人们看着像"海"的部分则是月球自诞生之日起就已经存在的巨大环形山,里面充满着月球内部喷发出来的岩浆(黏稠的熔岩)冷却后堆积形成的物质。其中包含熔化了的黑色岩石,因此看上去发黑。日本自古以来流传的"月宫里有玉兔在捣年糕"的说法,就是由观察月球上"海"的形状得来的。

地球

月球

各国关于月球纹理的传说

在世界各国,关于月球的纹理都有不一样的说法。

韩国、中国和日本的说法相同,都是说月球上有只小兔子。

然而在美国和东欧部分国家,人们认为月球的纹理看上去像一位女性的侧脸;北欧地区的人们认为月球的纹理看上去像一位正在读书的老奶奶;南欧地区的人们认为月球的纹理看上去像一只挥舞着大钳子的螃蟹;

阿拉伯半岛上的说法则认为月球的纹理看上去像一头正在怒吼的雄狮。

世界各国关于月球纹理的不同说法

实际看到的月球纹理

日本
捣年糕的小兔子

阿拉伯半岛
怒吼的雄狮

南欧地区
挥舞着大钳子
的螃蟹

美国和东欧国家
女性的侧脸

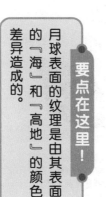

要点在这里!

月球表面的纹理是由其表面的『海』和『高地』的颜色差异造成的。

马里亚纳海沟

第122页问题答案

红茶和绿茶是由同一种茶叶制作而成的！

生命

植物

发酵到什么程度？

绿茶和红茶，无论从外观还是味道上，都有着明显的差异。然而实际上，绿茶和红茶都是利用茶树的叶子加工而成的。

茶树叶里包含一种叫作"儿茶素"的物质和一种叫作"酶"的物质。将摘下的茶树叶静置一段时间，其中含有的酶接触到空气中的氧会被激活。在酶的作用下，儿茶素会转化成不同种类的儿茶素。由于这种物质呈茶色，因此茶树叶此时也变成了茶色。这个过程叫作"发酵"。

当温度升高时，酶就会停止发挥作用。因此，如果在摘下茶树叶后立即用蒸汽蒸，就不会发生发酵，这样制成的就是绿茶。由于没有经过发酵，茶叶的颜色呈绿色。

此外，如果半路终止发酵过程，就会形成"半发酵"的状态，这样制成的就是茶叶略呈茶色的乌龙茶。经过完全发酵后的茶叶呈深茶色，这样制成的就是红茶。

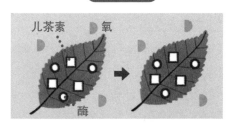

从茶树上摘下叶子后，立即用蒸汽蒸。

由于没有进行发酵，茶叶呈绿色。

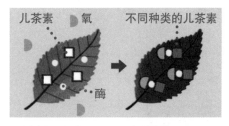

将茶树的叶子静置，酶接触到空气中的氧而被激活。

儿茶素转化成不同种类的儿茶素，茶叶呈茶色（即发酵）。

※半路终止发酵过程，制成的就是乌龙茶。

儿茶素是涩味的来源

茶树叶中含有的儿茶素是茶水中涩味的来源。但是，茶水中也含有淡淡的"甜味"。这种甜味来自茶树根部制造出来的一种叫作"茶氨酸"的物质。

茶氨酸在从茶树根部向树叶移动的过程中，一旦受到阳光的照射，就会转化为儿茶素。因此，有一种叫作"玉露"的茶叶，在种植过程中要特意将茶树遮罩起来，避免光照。这种茶叶的儿茶素含量较低，且口感甘甜。而接受了充分日照的茶叶中儿茶素含量较高，因此口感较涩。

要点在这里！

红茶和绿茶都是源自茶树叶。

小测验　儿茶素在哪一种物质的作用下会发酵？

花为什么会开?

阅读日期(年 月 日)(年 月 日)(年 月 日)

生命

植物

为了吸引昆虫

在开花的植物中，种类最多的是被子植物，它们凭借"授粉"——将雄蕊上的花粉传到雌蕊的柱头上的方式繁衍后代。

然而，由于植物自身无法活动，必须要借助外力才能完成授粉。这时，花在其中就起到了非常重要的作用。

能开花的植物到了繁育的季节就会开花。它们张开鲜艳的花瓣，散发沁人的芳香，告诉昆虫可以来采蜜了。

蜜蜂和蝴蝶等昆虫接收到这样的信号后，就会聚拢过来吸食花蜜。此时，花粉也会一并沾在昆虫的身体上。沾上了花粉的昆虫再飞到其他花朵上，从而实现授粉。在不同的季节里争奇斗艳的花朵，是为了帮助植物留下后代而盛开的。

各种形式的授粉

昆虫 吸食花蜜的同时，花粉会沾在昆虫身上，利用昆虫在花朵间的移动实现授粉。

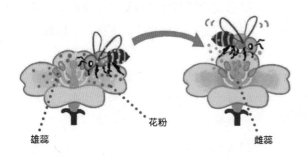

雄蕊　花粉　雌蕊

利用风和鸟传播花粉

在植物中，除了利用昆虫传播花粉的植物，还有一些是利用风、鸟类，甚至水来传播花粉的。

稻子、狗尾草这类即使开花也没有昆虫光顾的植物是利用风来传播花粉的，为了便于随风飞扬，它们的花粉颗粒非常细小。

此外，樱花是通过绣眼鸟和白头翁等吸食花蜜的鸟类帮助实现授粉的。还有一些在水面上开花的植物，是通过河水等来帮助传播花粉，从而实现授粉的。

风

颗粒细小的花粉随风传播，从而实现授粉。

鸟类

与昆虫一样，有些植物利用吸食花蜜的鸟类身上沾着的花粉实现授粉。

> **要点在这里！**
> 植物通过开花，利用前来吸食花蜜的昆虫等帮忙授粉，繁育后代。

酶　第124页问题答案

神奇的海市蜃楼——船看起来好像飘浮在天上

物质的作用

光

光能够发生弯曲

"海市蜃楼"（简称蜃景）是指远处的景物以倒影的方式浮现出来的现象。那么，究竟为什么会出现海市蜃楼呢？其中的秘密就在于空气温度的差异。

当冰冷的海面与温暖的空气接触时，接近海面的空气会被冷却。这样一来，光会在位于上方的暖空气和位于下方的冷空气的交界处出现折射，使远处的景色以倒影的方式呈现出来，此时出现的海市蜃楼被称为"上位海市蜃楼"。发生上位海市蜃楼时，我们所看到的景物是向上延伸的。

在春季，水温较低的河水流入水温较高的海域时经常发生上位海市蜃楼。不过，这种现象只会出现短短几分钟，无法长时间呈现。

下位海市蜃楼也是海市蜃楼的一种

与上位海市蜃楼相反，当冷空气的下面形成温暖的空气层，就会由于光的折射使远处的景物倒映在地面和水面上，此时形成的海市蜃楼叫作"下位海市蜃楼"。与上位海市蜃楼相比，下位海市蜃楼更为常见。

在炎热的夏季白天，我们有时会看见公路远处像有积水似的一片明亮，这种现象就是下位海市蜃楼的一种。

暖空气

冷空气

倒映呈现远处的景物的"上位海市蜃楼"。

看起来像水坑似的、在公路上形成的"海市蜃楼"。

要点在这里！

在不同温度的空气交界处，由于发生了光的折射，有时能够看到『海市蜃楼』的景象。

小测验　能够看到远处的景物倒映呈现的海市蜃楼叫什么？

从天空的哪里开始算是宇宙?

阅读日期（　　年　　月　　日）（　　年　　月　　日）（　　年　　月　　日）

包裹着地球的大气层

从地面上发射的火箭冲破天际，最终会飞抵宇宙。那么，天空和宇宙的分界线究竟在哪里呢?

地球被大气层包裹着，这个"层"就叫作"大气层"。

大气层分为四层，按照距离地表由近及远的顺序，分别是"对流层""平流层""中间层"和"热层"。

距离地表约10千米以内的部分叫作对流层。云和台风，以及雨、雪、霜等与天气相关的空气流动都发生在这里。距离地表约10~50千米的部分叫作平流层，飞机在这里飞行。比平流层更高的地方依次是中间层和热层。由这四个部分构成的大气层越向上空气越稀薄。平流层的空气浓度相当于地面的四分之一;中间层的空气浓度相当于地面的千分之一;到了热层，空气浓度仅相当于地面的百万分之一。也就是说，越往上飞，越接近没有空气的宇宙的状态。

宇宙是从哪里开始的?

大气层被分成几个部分，从地表一直通向宇宙。因此，宇宙其实并没有一个明确的分界点。

一般，人们将距离地表100千米以上，几乎没有空气的地方叫作"宇宙"。

距地面高度超过100千米，就几乎处于没有空气的状态了!

飞行高度较低的可以在距地面数百千米的地方，飞行高度较高的可以在距地面36,000千米的地方飞行。

热层
高度为80~500千米

国际宇宙空间站位于距地面约400千米的地方。

中间层
高度为50~80千米

平流层
高度为10~50千米

飞机
在距地面约10千米的地方飞行。

对流层
距离地表高度约10千米

地表

地球

宇宙

要点在这里!

一般，人们把距离地表100千米以上、几乎没有空气的地方视为宇宙。

第126页问题答案

上位海市蜃楼

小测验　由大气形成的、包裹着地球的气流层叫什么?

4 月
17 日

恐龙的身体为什么会变得那么大?

阅读日期(年 月 日)(年 月 日)(年 月 日)

生命
♥
恐龙

二氧化碳较多的时期

距今约2.51亿年到6600万年前的中生代,是地球上一种叫作"恐龙"的大型爬行类动物的繁盛时期。

在恐龙群体中,有一些恐龙的庞大身躯令现在的爬行类动物无法企及。在大型植食性恐龙中,有身长甚至超过20米的庞然大物。

恐龙的身躯变得庞大,发生在距今2亿~1.45亿年前中生代的侏罗纪时期。当时,植物生长所需的二氧化碳的含量比现在要高得多。因此,植物虽然生长速度很快,但几乎没什么营养。

想要靠营养含量较少的食物维持生存,唯一的办法就是大量进食。因此,植食性恐龙的胃口就变得越来越大。这样也导致了它们用于消化食物和储存营养的内脏变得很大,体形也随之变得庞大起来。

以植食性恐龙为食的肉食性恐龙

随着植食性恐龙的体形变大,以它们为食的肉食性恐龙的体形也随之变大,变得更适合捕猎了。

有着庞大身躯的肉食性恐龙靠双腿快速移动,张开大嘴咬住大型植食性恐龙,将其变成自己的美餐。在大型肉食性恐龙中,最有名的就是身长可达12米的暴龙。

植食性恐龙

为了摄取足够的营养,必须大量进食植物,体形也逐渐变大。

肉食性恐龙

为了适应体形巨大的猎物,自身的体形也逐渐变大。

> **要点在这里!**
>
> 植食性恐龙由于需要进食大量的植物而导致体形逐渐变大,以它们为食的肉食性恐龙为了适应体形巨大的猎物,自身的体形也逐渐变大。

大气层
第127页问题答案

小测验 在恐龙体形变大的时期,植物之所以生长迅速,是因为空气中什么的含量比现在要高?

128

壁虎和蝾螈有什么区别?

阅读日期(年 月 日)(年 月 日)(年 月 日)

生命

动物

壁虎和蝾螈的区别

爬行类!

皮肤表面覆盖着鳞片，触感干燥。

多疣壁虎

腹部偏灰色的是壁虎，呈红色的是蝾螈。

皮肤湿润，可以用皮肤呼吸。

两栖类!

红腹蝾螈

爬行类动物和两栖类动物的区别

壁虎和蝾螈看起来有些相似，实际上却是两类不同的生物。

壁虎是蛇、蜥蜴和乌龟的近亲，属于爬行类动物。而蝾螈是青蛙、娃娃鱼（鲵）的近亲，属于两栖类动物。

爬行类动物和两栖类动物的居住场所不同。爬行类动物基本一直生活在陆地上。而两栖类动物出生后会在水中定居，长大后才会上岸，并在水边生活。

此外，爬行类动物的皮肤表面覆盖着鳞片，触感干燥，而两栖类动物的皮肤则触感湿润。两栖类动物可以通过湿润的皮肤来吸收氧气、维持呼吸。

对人类有益的动物

通过观察腹部的颜色，可以很容易分辨出壁虎和蝾螈。

身体呈灰色和浅褐色，腹部也偏灰色的是壁虎；而通体偏黑，腹部呈红色的是蝾螈。

也就是说，附着在家里的窗户玻璃上，能看到灰色肚子的是壁虎。而大多数蝾螈只生活在水边，恐怕我们平时很少有机会见到它。

壁虎和蝾螈自古以来就是人们熟知的生物。壁虎可以吃掉家中的害虫，而蝾螈可以吃掉水边、稻田等地方的害虫，都是对人类有益的动物。

要点在这里！

壁虎属于爬行类，居住在陆地上，腹部偏灰色；蝾螈属于两栖类，多生活在水边，腹部呈红色。

第128页问题答案

二氧化碳

小测验 壁虎属于爬行类还是两栖类?

129

为什么会有各种形状的世界地图？

地球

大地

以平面方式展现球形地球的方法

地球是一颗椭球形的星球。如何才能以平面地图的方式将其整体展现出来呢？

如果将地球仪切开摊平，会得到一张边缘有很多锯齿的平面图。如果想要绘制出一幅漂亮的平面地图，就必须想办法将这些锯齿状的部分连在一起。但是这样一来，地图上绘制出的地形和面积就会和实际情况有一些差别。

举例来说，在世界地图上，南极和北极（地图的上下两端）附近画出的面积比实际面积要大。但是，由于这种地图能够准确表达连接两点之间的直线与纵向的经线之间的夹角大小，很适合用于航海。

各种地图的用途

在以平面方式展示球形地球的地图上，常常会为了准确表达某一个区域而导致其他区域与实际情况存在一定的差异。因此，人们绘制了各种各样的世界地图，以便根据具体需求进行选择。

飞机航线图使用的是图（1）那样的地图。这是由于这种地图可以准确标示距离中心点的距离和方位，从而清楚地看出两点之间的最短路径。但是，由于地球是球形的，距离中心点越远的地方，陆地的形状就会变形得越严重。

（1）

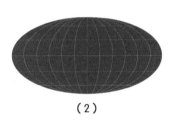

（2）

想要将球形的地球以平面图的方式展现出来，就无法做到所有的数据都十分精确。因此，根据目的的不同，人们会选用不同形式的地图。

要点在这里！

此外，图（2）的地图是能够准确表达各区域面积的地图，因此在这幅地图上，地球被绘制成了椭圆形。

小测验 能够准确标示距离中心点的距离和方位的地图是用来做什么的？

生命

人体

存在汗腺的部位

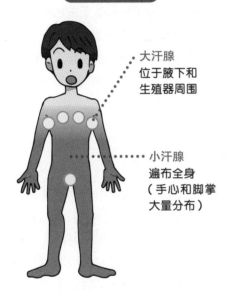

大汗腺
位于腋下和
生殖器周围

小汗腺
遍布全身
(手心和脚掌
大量分布)

什么情况下会出汗?

天热的时候,我们经常会出汗。不过,并不是只有热的时候才会出汗。因为紧张或兴奋而忐忑不安时,我们的手心也会出汗。这究竟是为什么呢?

汗是由位于皮肤下面的"汗腺"产生的。汗腺包括"小汗腺"和"大汗腺"。小汗腺遍布全身,由其产生的汗液根据产生方式的不同,主要分为以下几种:周围环境温度较高时全身出现的、用于调节体温的"温热型发汗";忐忑不安时主要出现在手心和脚掌的"神经性发汗";吃到辛辣食物时主要出现在额头和脖子等处的"味觉性发汗"。

大汗腺主要位于腋下和生殖器周围。大汗腺不参与体温调节,其分泌物容易散发酸腐的气味。

小汗腺和大汗腺

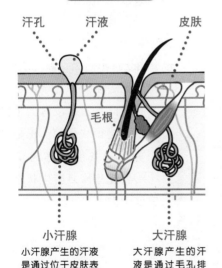

汗孔 汗液 皮肤

毛根

小汗腺
小汗腺产生的汗液
是通过位于皮肤表
面的汗孔排出的。

大汗腺
大汗腺产生的汗
液是通过毛孔排
出的。

汗液可以起到发涩的作用

因忐忑不安而导致手心出汗的现象属于神经性发汗。此时的汗液可以滋润皮肤,并起到发涩的作用。有观点认为,早在人类的祖先——南方古猿还居住在树上时,一旦遇到突发的危险情况,手心里的汗液可以帮助他们避免从树上滑落下来。

也就是说,这种汗液有自我保护的作用。

> **要点在这里!**
> 人忐忑不安时,出汗可以滋润皮肤,起到防止滑落的作用。

飞机航线图 第130页问题答案

小测验 产生汗液的"小汗腺"和"大汗腺",其中哪一种是遍布全身的?

蚕吐出的丝可长达1500米！

生命

虫类

制造蚕蛹居住的小屋

我们通常所说的蚕，指的是蚕蛾的幼虫。而蚕蛾是一种昆虫，是蝴蝶和蛾的同类。

蚕以桑树的叶子（桑叶）为食，逐渐长大，最终会变成"蚕蛹"的形态。在变成蚕蛹的过程中，蚕不断地从口中吐出丝，来制造属于自己的"小屋"。这种形似胶囊的小屋被称作"蚕茧"。

一只蚕吐出的用来制造蚕茧的丝，总长度可以达到1500米。蚕一般用两天左右的时间吐出这些丝，完成蚕茧的制作。它在其中由蚕蛹蜕变成成虫——蚕蛾，然后从茧里飞出来。

无法恢复野生状态的昆虫

蚕丝不仅长度惊人，而且利用其制成的"绢丝"极具光泽，非常美丽，自古以来就被用于制作服装。据说，在明治时期，日本开设了制造绢丝的工厂，开始向西方国家出口绢丝。当时也出现了很多养蚕和制造绢丝的农户。

然而，变成了家养昆虫的蚕，已经再也无法适应野外的生存环境了。人工饲养的蚕连停留在桑树上的力气都没有，会很快从树上掉落下来，被野鸟吃掉。而且，即便幸运地长成了成虫，也会由于体形过大，缺乏肌肉，导致无法在空中飞行。

因此，如果没有人工饲养，蚕会很快死掉。正是这个原因，蚕也被称为是唯一一种无法恢复野生状态的家养动物。

蚕的一生

幼虫　靠食用桑树的叶子长大。最终吐出长达1300～1500米的丝，结成蚕茧。

蚕蛹（蚕茧）
在蚕茧中变成蚕蛹。人类制造绢丝时，需要将蚕茧放进锅里煮，以便将蚕丝剥离出来。

成虫
蚕会变成蛾从蚕茧中飞出来，交尾后死去。

要点在这里！
蚕可以吐出长达1300～1500米的丝，结成蚕茧。

小汗腺

第131页问题答案

小测验　蚕吃什么树的树叶？

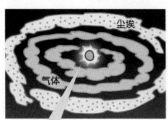

尘埃

气体

太阳的诞生

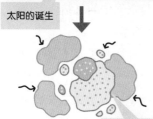

星子

太阳诞生时，位于其周围的尘埃和气体聚集在了一起。

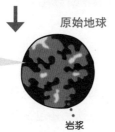

原始地球

"原始地球"起初是一颗表面覆盖着岩浆，温度很高的行星。

岩浆

数亿年后

雨水聚积在冷却后的地球表面，形成了海洋。

岩浆冷却，逐渐形成了陆地。

地球是用什么"材料"做成的?

据说，在距今约46亿年前，刚刚诞生的太阳周围围绕着大量气体和尘埃，它们聚集在一起，形成了直径约10千米的小块，我们把它叫作"星子"。星子互相碰撞结合，就形成了"原始地球"。

后来，又有新的星子不断撞击逐渐变大的原始地球，在撞击产生的能量作用下，地球的温度越来越高。

此外，星子中包含的二氧化碳、氮和水蒸气等气体在地球周围扩散开来，使得地球逐渐拥有了浓度较高的大气。

并且，在原始地球的表面，覆盖着岩石熔化后形成的黏稠的岩浆，我们称其为"岩浆海"。

如今地球的形成历程

在被岩浆海覆盖的地球上，铁等质量较大的物质下沉到地球的中心，形成了"地核（→p.80）"。而质量较小的金属和岩石则浮上来，形成了包裹地核的"地幔"。

最终，撞击地球的星子数量越来越少，地球也逐渐冷却下来。大气中的水蒸气变成雨落到地面上，最终形成了海洋。这样一来，地球表面进一步冷却变硬，形成了"地壳"，而岩浆变成了岩石，最终形成了陆地。

地球

宇宙

要点在这里！ 地球是由位于太阳周围的尘埃和气体聚集在一起形成的。

桑树

第132页问题答案

铁为什么会生锈？

物体的性质

金属

红锈

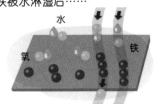

铁被水淋湿后……

水
氧
铁

与氧结合，产生红锈。

水和氧穿过红锈，抵达铁的内部。

内部锈迹斑斑……

铁的内部也与水和氧结合，铁锈得以扩散。

黑锈

加热后的铁与氧结合，产生黑锈。

不会再生锈啦！

黑锈会在铁的表面形成一层类似保护膜的防水物质，防止红锈产生。

铁锈才是铁的本来面目

如果把铁制物品长时间放在室外，会发生什么情况呢？物品的表面会变红，然后逐渐变得锈迹斑斑。物体表面出现的这种红色、导致其锈迹斑斑的物质，是"铁锈"。铁锈是铁与空气中的氧结合形成的。那么，为什么会形成这种现象呢？

铁是从自然界中一种叫作铁矿石的石头中提炼出来的。在地球上开始有氧气的时候，铁与氧结合，就形成了沉睡在海底的铁矿石。后来，人们将其挖掘出来，去掉其中的氧，提炼出了铁。因此，铁具有极易与氧结合的性质。

铁被水淋湿后，会变得极易与氧结合。并且，为了回到稳定的状态，铁会不断与氧结合，最终导致物品生锈。

有用的铁锈

前面我们提到的红色铁锈被称为"红锈"。这种锈很让人头疼。不过，铁锈还包括其他种类。

将铁制的煎锅放在火上加热，就会使其逐渐变黑。这是由于铁在温度升高时与氧结合产生了"黑锈"的缘故。

黑锈会在铁的表面形成一层类似保护膜的防水物质。因此，如果预先使铁锅产生一层黑锈，就能避免日后产生红锈。

要点在这里！
铁很容易与氧结合，被水淋湿后与氧结合就会生锈。

小测验　铁锈分为哪两种？

树为什么会分出枝杈？

生命

植物

大量的树叶与太阳光

大多数的树木是一边分出枝杈一边向上生长的。那么，究竟为什么树必须要分出枝杈来呢？

树枝在远离地面的位置扩散开来，每一条树枝上都会长出大量的树叶。树叶吸收太阳光，并且利用吸收到的能量制造出树木生长所需的营养成分。这种现象叫作"光合作用"。

如果树木只长一根树枝，在这根树枝上密密麻麻长满树叶，那么这些树叶就会层层叠叠重合在一起，几乎无法吸收到来自太阳光的能量。因此，树木才分出许许多多枝杈，使更多的树叶能够沐浴在阳光下。

树枝分杈的原理

那么，树枝究竟是如何实现分杈的呢？

位于树干顶端的"顶芽"生长变大，树木也会随之向上生长。而位于树叶根部的"腋芽"生长变大后，就会长成树枝。也就是说，如果腋芽能够很好地生长，树枝就会像扫把一样铺散开。

但是，并不是所有的腋芽都能最终长成树枝，这是因为同时存在顶芽和腋芽时，腋芽的生长会受到压制。因此，我们可以看到有些树木几乎没有长出腋芽，也就几乎没有分杈。

另外，椰子树完全没有腋芽，因此没有树枝，只有树干不断向上生长，在顶端长出大叶子。

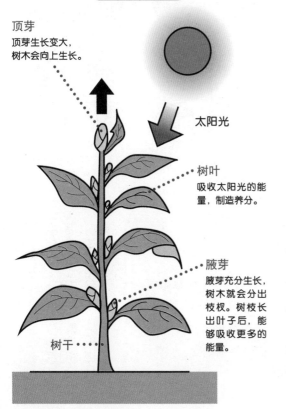

树枝分杈的原理

顶芽
顶芽生长变大，树木会向上生长。

太阳光

树叶
吸收太阳光的能量，制造养分。

腋芽
腋芽充分生长，树木就会分出枝杈。树枝长出叶子后，能够吸收更多的能量。

树干

要点在这里！
树木通过分出枝杈长出树叶，从而利用更多的树叶吸收来自太阳光的能量。

红锈和黑锈　第134页问题答案

小测验　从树叶根部长出、最终长为树枝的芽叫什么？

双胞胎为什么会长得一模一样？

生命

人体

形成了两个受精卵

提到双胞胎，大家通常会认为两个人的长相是一模一样的。然而实际上，也有长得并不完全一样的双胞胎。让我们先来了解一下双胞胎形成的原理吧。

小宝宝是从一种叫作"受精卵"的细胞发育而来的。受精卵是由来自父亲体内的精子和来自母亲体内的卵子结合（受精）而成的。

通常情况下，只会有一个受精卵会发育变大，但在某些特殊情况下，受精卵会分裂成两个，这两个受精卵在母亲体内不断发育变大，最后就长成了双胞胎。

这种原本来自于同一个受精卵的双胞胎叫作"同卵双胞胎"。

此外还有一种情况，两个受精卵是分别利用不同的精子和卵子形成的。这种由两个不同的受精卵发育而成的双胞胎叫作"异卵双胞胎"。

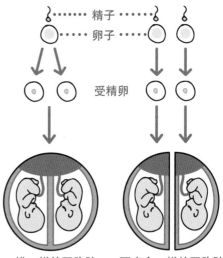

| 同卵双胞胎 | 异卵双胞胎 |

精子
卵子
受精卵

一模一样的双胞胎

原本由同一个受精卵发育而成。

不完全一样的双胞胎

由两个不同的受精卵发育而成。

身体的"图纸"是一模一样的

受精卵中包含"遗传基因"，它相当于人体的图纸（→p.95）。因此，由同一个受精卵发育而成的同卵双胞胎具有完全相同的"图纸"，长相和身体特征几乎完全相同。

然而，由两个不同的受精卵发育而成的异卵双胞胎所携带的"图纸"则不尽相同。

因此，这种双胞胎或者有着不同的长相，或者是男孩和女孩不同性别的组合。

要点在这里！

由同一个受精卵分裂后发育而成的双胞胎，具有相同的身体『图纸』，长相也几乎完全相同。

腋芽

第135页问题答案

小测验　长相几乎完全相同的双胞胎是同卵双胞胎还是异卵双胞胎？

溶解在水里的食盐究竟去了哪里?

食盐溶于水的原理

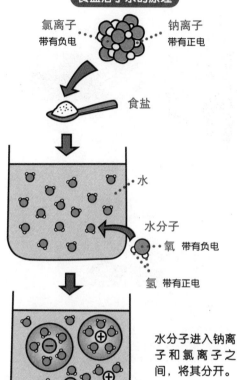

氯离子 带有负电

钠离子 带有正电

食盐

水

水分子
氧 带有负电
氢 带有正电

水分子进入钠离子和氯离子之间，将其分开。

要点在这里！

食盐溶于水时，氯离子和钠离子分开，分别被水分子包裹。

物体的性质
变化

变成了肉眼看不见的形态

将食盐放入水中进行搅拌，会发现食盐溶解后看不见了。但是，食盐其实并没有消失。我们先测量一下水和食盐的重量，然后将食盐溶解在水中，再对盐水的重量进行测量，会发现重量是一样的。

水是由氢原子和氧原子结合而成的（→p.76），其中，氢原子带有少量的正电子，而氧原子则带有少量的负电子。

食盐实际上是一种叫作"氯化钠"的物质，由"钠离子"和"氯离子"结合而成。"离子"是原子或原子基因得到或失去几个电子后形成的带电荷的粒子。钠离子带有正电，氯离子带有负电。

食盐被放入水中充分搅拌后，在各自所携带的电的作用下，水分子试图分别获得钠离子和氯离子，于是会进入钠离子和氯离子的间隙，将其分解开。

这就是所谓的"食盐溶解于水"。也就是说，进入水中的物质会以原子的形式被水分子包裹起来。

盐水失去水分后恢复成原本形态

将溶解了食盐的盐水在火上加热，水分会逐渐蒸发，最后留下白色的物质。这是因为失去水分后，曾经被水分子包裹而分开的钠离子和氯离子重新结合在一起，形成了氯化钠。换句话说，就是食盐又恢复了其原本的形态。

同卵双胞胎
第136页问题答案

小测验 原子或原子基因得到或失去几个电子后形成的带电荷的粒子叫什么?

海洋中哪种鱼游得最快？

生命

鱼类

速度高达每小时100千米以上

你知道海洋中游得最快的鱼是什么吗？答案是"平鳍旗鱼"。

平鳍旗鱼可以以每小时100千米以上的速度游动。如果将它放在长度25米的泳池里，只需不到1秒钟的时间，它就可以游到泳池对面。据说由于游得太快，它们有时会撞到海里的岩石或轮船上。

那么，平鳍旗鱼究竟为什么能游得那么快呢？

平鳍旗鱼在快速游动时，会折叠起身上的背鳍，从此减少来自水中的阻力。并且左右摆动身体和尾鳍，借助水的推力前进。

此外，平鳍旗鱼的体内有着可以将氧高效转化为能量的肌肉，可为其在水中快速游动提供大量的能量。

平时游得比较慢

只有在寻找食物或躲避鲨鱼等天敌时，平鳍旗鱼才会游得飞快。平时，它们并不会游得特别快。

据说，平鳍旗鱼平时的游速大约为每小时2千米。这个速度和老年人日常散步时的速度差不多。

另外，号称游速仅次于平鳍旗鱼的金枪鱼，平时的游速也只有每小时4~6千米（→p.329）。

平常游动时

时速约2千米

与老年人散步的速度大致相同。

快速游动时

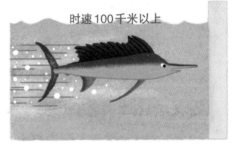

时速100千米以上

从25米长的泳池一边游到另一边，仅需不到1秒钟。

要点在这里！

海洋中游速最快的平鳍旗鱼，速度可以达到每小时100千米以上。

小测验　海洋游得最快的鱼叫什么名字？

世界上最强力的磁铁的秘密！

物质的作用

磁铁

铁变成磁铁的原理

铁是由具有磁体性质的原子构成的（→p.172）。

平时，这种原子的磁力（磁体的吸力）方向是朝向四面八方的，但是，一旦靠近磁体，原子的磁力方向就会变得一致，其中的每一个原子都会变成一个独立的磁体。

但是，这种保持磁力方向一致的集结方式并不强大，因此，一旦远离磁体，铁里的原子朝向就又恢复到了乱七八糟的状态，也就随之失去了作为磁体所应具备的性质。

但是，如果令铁靠近磁力非常强劲的磁体，即便在远离后，铁内原子的磁力方向也不会恢复到原来的状态。

我们日常所使用的磁铁，就是利用这种方式制造出来的。

磁铁界磁力最强的钕磁铁

我们平时最常见的磁铁是黑色的"铁氧体磁铁"。铁氧体磁铁是将一种叫作"氧化铁"的铁粉加以固化，然后使其接近强力磁体后制成的。但是，铁氧体磁铁的磁力并不强劲。

在我们日常所使用的磁铁中，磁力最强的是"钕磁铁"。这种磁铁是用一种叫作"钕"的金属和铁混合制成的。钕磁铁的磁力相当于铁氧体磁铁的10倍。

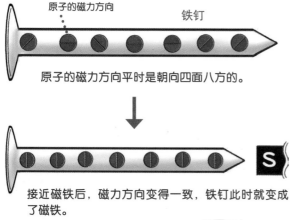

原子的磁力方向　铁钉

原子的磁力方向平时是朝向四面八方的。

接近磁铁后，磁力方向变得一致，铁钉此时就变成了磁铁。

在磁铁中，磁力最强的钕磁铁可以吸起很粗的锤子。

钕磁铁

要点在这里！
钕磁铁的磁力相当于最常见的铁氧体磁铁的10倍。

平鳍旗鱼

第138页问题答案

成群结队游来游去的鱼儿
为什么不会撞到一起？

生命

鱼类

位于身体两侧的侧线

在水族馆里，我们可以看到沙丁鱼等鱼类成群结队地游来游去。

虽然绵羊、狮子等哺乳动物也是成群结队行动的，但是与哺乳类动物在首领的带领下活动有所不同，鱼类的群体是没有首领的。然而，大量的鱼在一起游来游去时，却从来不会撞到一起，这是为什么呢？

秘密就藏在鱼的身体两侧，一个叫作"侧线"的器官里。侧线能够感知到来自水的压力（水压）和水的流动（水流）变化。

如果周围有其他的鱼在游动，水压和水流会发生变化。鱼就是通过这种变化来感知自己与其他鱼之间的距离，防止游动时发生碰撞的。一旦与其他鱼距离过近，就会适当调整距离。

成群结队游动的原因

那么，鱼为什么要成群结队地游动呢？

体形较小的鱼类为了在体形大的鱼类面前保护自己，会成群结队地游来游去。如果感觉受到了来自大鱼的威胁，小鱼们就会四散逃跑，趁大鱼犹豫抓哪条的工夫逃走。

此外，鲣鱼、金枪鱼这类体形较大的鱼类，为了能够吃到更多的小鱼，也会成群结队地游动。一旦发现小鱼群，大鱼就会组成一队，把小鱼追至接近海面的地方，再将其捕获。

钕磁铁

第139页问题答案

要点在这里！

鱼利用身体两侧叫作侧线的器官来感知自己与其他鱼类之间的距离，因此，即使它们成群结队地游来游去，也不会撞到一起。

水的压力（水压）

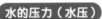

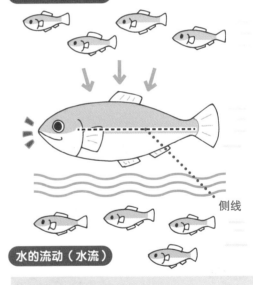

侧线

水的流动（水流）

在鱼的身体两侧，能够看到像线一样的侧线。

小测验　鱼类用来测量自己与其他鱼之间距离的器官叫什么名字？

蝙蝠能够利用超声波获知周围的情况，在昏暗的地方也能自由飞翔。

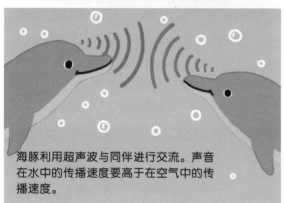

海豚利用超声波与同伴进行交流。声音在水中的传播速度要高于在空气中的传播速度。

要点在这里！

狗、蝙蝠等动物能够听到人类听不到的高音。

物质的作用

声音

振动的次数与声音的高低

声音的本质是空气的振动。空气振动的次数越多，声音越高；振动次数越少，声音越低。每秒内空气振动的次数叫作"振动频率"，以"赫兹"为单位。也就是说，振动频率越高，声音越高；振动频率越低，声音越低。

人类听不到的声音

你听说过一种叫作"狗笛"的笛子吗？狗笛是训练小狗时经常用到的一种笛子。这种笛子发出的声音非常高，人类的耳朵无法听到它。但是，狗却能听到它发出的声音。

据说，人类能够听到的声音范围在16赫兹～20,000赫兹之间。而狗能够听到的声音范围在65赫兹～50,000赫兹之间。因此，它们能够听到振动频率更高的声音。也正是这个原因，一旦吹响能够发出20,000赫兹以上高音的狗笛，小狗马上就能听到它的声音。这种人类听不到的高音叫作"超声波"。

蝙蝠能够发出超声波，并通过获取回声的方式获知周围的情况，在昏暗的地方也能自由飞翔。另外，海豚也是利用超声波与同伴进行交流的（→p.339）。

侧线　第140页问题答案

小测验　人类听不到的高音叫什么？

我们身边各种各样的力

虽然平时不怎么注意，但实际上，在我们身边，有各种各样肉眼看不到的力在发挥作用。让我们来认识其中的几种吧！

重力

地球将位于其周围的物体向中心吸引的力。松手后，手里的东西会落到地面上，这就是重力作用于物体所产生的效果。此外，正是由于重力的存在，我们才能站在地面上。

磁力

磁铁具有吸引铁且同极相斥、异极相吸的力。我们将这种力应用于制造文具等生活的方方面面。此外，正是由于磁力的存在，指南针才能指示方向（→p.237）。

浮力

　　浮力是使位于水中等处的物体上浮的力。位于水中的物体，所产生的浮力大小与其施加给水的力大小相同。正是由于浮力的存在，钢铁制成的大轮船才能浮在海面上（→p.35）。

升力

　　作用于空气和水中等处移动的物体，与其运动方向垂直的力。飞机利用高速前进过程中机翼产生的升力飞上天空（→p.352）。

离心力

　　物体旋转时所产生的向外的力。抡起装了水的水桶转圈，水不会溢出来，就是离心力发挥了作用。此外，坐过山车时，即使头朝下也不会掉下来，也是离心力发挥了作用（→p.146）。

神奇的光

我们每天可以看到各种各样的光。但是，你知道这些光线中蕴藏的秘密吗?

太阳能够产生各种颜色的光!

我们平时用肉眼无法看出太阳光发出的各种颜色。但实际上，太阳光是由多种颜色共同构成的。我们身边的很多现象都可以作为证明。

彩虹

天空中的彩虹是将太阳光按颜色分解后产生的(→p.197)。

天空的颜色

白天的天空是蓝色的，傍晚的天空是红色的，这都是太阳光中含有蓝色和红色光的缘故(→p.295)。

光所引发的奇妙景象!

光并不是一直沿着直线传播的，有时会发生折射。此时，可以看到平常无法看到的景象。

海市蜃楼

船的影像浮现在空中的奇妙景象——"海市蜃楼"(→p.126)。

5 月故事

人会从倒过来的过山车上掉下来吗？

阅读日期（　　年　　月　　日）（　　年　　月　　日）（　　年　　月　　日）

物质的作用

力

作用于旋转中的物体的力

大家坐过过山车吗？过山车会以极快的速度起伏旋转，甚至偶尔还会出现回旋的情况。但是，即便是头朝下，坐在里面的游客也不会从车里掉出来，这究竟是为什么呢？秘密就在于一种叫作"离心力"的力。

离心力是一种惯性的表现，它使旋转的物体远离其旋转中心。举例来说，我们用尽全力抡起一只装着水的水桶，当水桶开口朝下时，里面的水也不会洒出来。这就是水桶中的水受到离心力作用的缘故。

速度越快，离心力越大

当旋转速度提升到原来的2倍时，离心力会变成原来的4倍；当旋转速度提升到原来的3倍时，离心力会变成原来的9倍。此外，当回旋半径变为原来的1/2时，离心力会变成原来的2倍；回旋半径变为原来的1/3时，离心力会变成原来的3倍。坐过山车时，由于通过调节使得离心力大于下落的力，所以坐在里面的人即使头朝下也不会掉出来。

要点在这里！

回旋的过山车受到了离心力的作用，且离心力大于重力。因此，坐在里面的人不会掉下来。

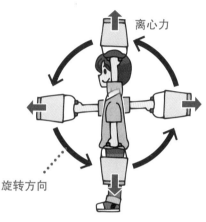

作用于水桶里的水的离心力

离心力

旋转方向

抡起装着水的水桶时，水由于受到离心力的作用，不会洒出来。

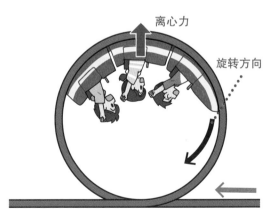

作用于过山车的离心力

离心力

旋转方向

由于离心力大于重力（将物体向地球中心吸引的力），坐在过山车里的人不会掉出来。

第141页问题答案

超声波

小测验　　旋转速度越快，离心力变得越大还是越小？

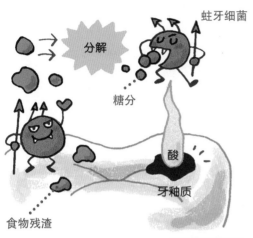

蛀牙细菌

分解

糖分

酸

牙釉质

食物残渣

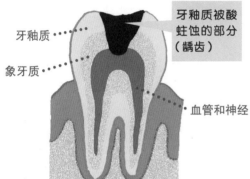

牙釉质

象牙质

牙釉质被酸蛀蚀的部分（龋齿）

血管和神经

生命
人体

为什么会产生龋齿？

龋齿是指口腔内的蛀牙细菌（如链球菌）所产生的"酸"使得牙齿处于被蛀蚀的状态。蛀牙细菌以食物残渣中的"糖分"为营养来源，并在对糖分进行分解时产生酸。

牙齿最重要的作用就是将食物嚼碎。为此，牙齿表面是由一种非常坚硬的叫作"牙釉质"的物质构成的。但是，蛀牙细菌制造出来的酸会侵蚀牙釉质，使其产生小洞。小洞越来越深，就会触及位于牙釉质内部的"象牙质"，情况继续发展，会触及血管和神经，人们就会感觉牙齿一跳一跳地疼。

什么样的人容易患上龋齿？

容易患龋齿的人的特征之一就是"爱吃零食"。人类的唾液能够中和蛀牙细菌所产生的酸，帮助牙齿修复。这种作用叫作"再矿化"。饭后约30分钟内，口腔内蛀牙细菌所产生的酸处于较强的状态，此后，随着唾液发挥作用，牙齿会进行再矿化。但是，如果这时吃零食、喝饮料，就会导致口腔内的酸性再一次增强。因此，经常吃零食的人很容易患上龋齿。

此外，还有一些人天生牙釉质较差，或者牙齿排列不整齐，这些因素都会导致其更容易患上龋齿。但是，无论对于哪种人，认真刷牙和减少零食的摄入，都能起到预防龋齿的作用。

要点在这里！

由于吃零食的次数、牙齿的质量、牙齿的排列状况等方面的差异，有些人容易患上龋齿，而另一些人则不易患上龋齿。

第146页问题答案

越大

小测验　唾液能够中和蛀牙细菌所产生的酸，修复牙齿。这种作用叫什么？

日本曾经有过什么样的恐龙？

生命
♥
恐龙

最早发现的恐龙化石

在距今约2.51亿年到6600万年前，地球上曾经有一种叫作恐龙的爬行类动物处于繁盛期。

现在，我们只能通过地下发掘出来的恐龙化石来了解它们的形态。在日本，最早于1978年在岩手县发现了恐龙化石。研究结果表明，那是一只属于蜥脚形亚目（→p.24）的蜥脚类恐龙的化石。

蜥脚类恐龙是指在陆地上用四肢行走的大型植食性恐龙，包括雷龙、腕龙、梁龙等许多种类。在日本发现的这具化石，属于蜥脚类马门溪龙属（全长约22米）的一种，由于发现地的名字叫"茂师"，取其在日语中的发音，在日语中将其命名为"茂师龙"。

在手取群（晚侏罗纪—早白垩世地层）发现的化石

自茂师龙被发现以来，日本各处都进行了积极的考古发掘，由此发现了许多恐龙化石。其中，化石数量最多的是在被称为"手取群"的地层。

中生代是恐龙数量最多的时期，而该地层正处于中生代时期，范围涉及日本的富山、石川、福井、岐阜四个县。在该地层中，除了肉食性恐龙福井盗龙、植食性恐龙福井龙等恐龙化石，还发现了三角恐龙、暴龙等我们熟悉的恐龙的化石。

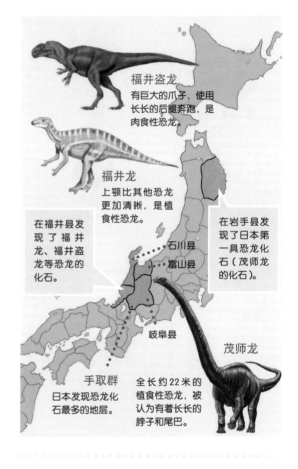

福井盗龙
有巨大的爪子，使用长长的后腿奔跑，是肉食性恐龙。

福井龙
上颚比其他恐龙更加清晰，是植食性恐龙。

在福井县发现了福井龙、福井盗龙等恐龙的化石。

在岩手县发现了日本第一具恐龙化石（茂师龙的化石）。

石川县
富山县
岐阜县
茂师龙

手取群
日本发现恐龙化石最多的地层。

全长约22米的植食性恐龙，被认为有着长长的脖子和尾巴。

第147页问题答案
再矿化

要点在这里！

在日本发现了以茂师龙为代表，包括福井盗龙、福井龙等恐龙的化石。

小测验　日本的第一具恐龙化石是在哪个县被发现的？

植物是如何"喝"到水的?

阅读日期（　年　月　日）（　年　月　日）（　年　月　日）

植物吸收水分的原理

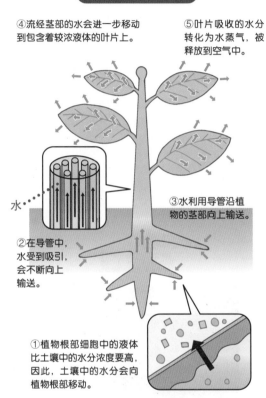

④流经茎部的水会进一步移动到包含着较浓液体的叶片上。

⑤叶片吸收的水分转化为水蒸气，被释放到空气中。

水……

③水利用导管沿植物的茎部向上输送。

②在导管中，水受到吸引，会不断向上输送。

①植物根部细胞中的液体比土壤中的水分浓度要高，因此，土壤中的水分会向植物根部移动。

生命

♥

植物

从根部吸收水分

　　植物以水和二氧化碳为原料，利用太阳光进行光合作用，制造养分维持自身的生存。动物觉得口渴的时候，可以用嘴喝水，但是植物却无法这样做。植物一般是利用根部从土壤中吸收所必需的水分的。

　　那么，植物究竟是如何吸收到水分的呢？位于植物根部细胞中的液体，因为包含各种各样的营养成分，其浓度要高于土壤中的水。为了保持根部和周围土壤中的水分浓度相同，植物就会利用根部，将土壤中的水分转移到自己体内。

　　水分会进入位于植物根部的一种叫作"导管"的管道中，然后被不断地向上输送。

利用水把水吸上来

　　水经过导管，被输送到植物茎部。水分子之间具有互相吸引的性质，因此，在细细的导管中，会产生下面的水被吸到上面去的现象。

　　并且，被输送到茎部的水分，会按照从土壤到根部时相同的原理，向叶片继续输送。

　　在叶片上，被吸收的水分会转化为气体（水蒸气），释放到空气中。这种现象叫作"蒸腾作用"。利用这样的机制，植物能够不断吸收新的水分和养分。

要点在这里！

植物利用根部从土壤中吸收到的水分不断向上输送给茎部和叶片。

岩手县

第148页问题答案

小测验　植物利用根部吸收来的水分会流经一种管道，这种管道叫什么？

随便用什么水都能养活植物吗?

阅读日期（　　年　　月　　日）（　　年　　月　　日）（　　年　　月　　日）

生命
植物

糖水也能养活植物

大家在养植物时，都会给它们浇水吧？实际上，用糖水也能养活植物。但仅限于糖水的浓度低于植物根部细胞所包含的液体浓度的情况。这是由于液体具有从浓度较低的地方向浓度较高的地方转移的性质。

如果糖水的浓度低于植物根部细胞的液体浓度，糖水中的水分就会向浓度较高的根部细胞发生转移。

同样的原理，如果糖水的浓度高于植物根部细胞的液体浓度，就会发生与之相反的现象——位于植物根部细胞的水分向糖水发生转移。

换句话说，如果给植物提供的是浓度低于其根部细胞的液体浓度的糖水，植物就会吸收水分得以存活；如果给植物提供的是浓度高于其根部细胞的液体浓度的糖水，植物根部的水分反而会流失，最终导致枯萎。

盐水也是一样。如果盐水的浓度低于植物根部细胞中的液体浓度，则植物得以存活。如果盐水的浓度高于植物根部细胞的液体浓度，则会导致植物枯萎。另外，在使用盐水时，由于盐中所包含的钠对于植物来说属于有毒物质，这也是导致植物枯萎的原因之一。

要点在这里！

绝大多数植物可以靠浓度较低的糖水存活下去，但遇到盐水则会枯萎。

导管
第149页问题答案

用盐水养活的植物

并不是所有植物都会在盐水中枯萎。有一种叫作冰叶日中花（也被叫作"冰菜"）的蔬菜就能够吸收土壤中的盐分。

这种植物的叶片表面有着闪闪发亮的小颗粒，它们被称作"泡状细胞"，可以储存吸收到的盐分、调节自身细胞内的水分浓度。

这种可以去除土壤中的盐分、调节自身水分浓度的蔬菜，即使靠盐水也能存活下来。

冰叶日中花

泡状细胞
叶片表面亮晶晶的细胞里面蓄积了盐分。

盐水

冰叶日中花利用泡状细胞储存从盐水中吸收到的盐分，调节自身的水分浓度。

小测验　位于冰叶日中花叶片表面的小颗粒叫什么？

为什么IH烹调加热器不用火就能做饭？

物质的作用

电

感应线圈产生的磁力

你知道"IH烹调加热器"吗？IH烹调加热器也叫作电磁炉，利用它，不用点火就可以做出美味佳肴。并且，由于其没有用到火，不同于传统燃气灶，烹饪过程中也不会产生二氧化碳。

在IH烹调加热器的面板下面，安装了用金属铜盘成的螺旋状的"感应线圈"。接通电源后，电流会通过感应线圈，并在其周围产生磁力。

利用磁力给金属加热

电流的方向和大小一旦发生改变，感应线圈周围的磁力也会随之发生变化。并且，磁力一旦发生变化，放置在面板上的锅中就会产生一种叫作"涡流"的电流。在涡流的作用下，铁锅和平底锅的底部会自行发热，从而进行烹调。

只有能够导电的金属炊具才能够产生涡流，因此，砂锅等炊具并不适用。但是现在也出现了一些加入金属成分，可用于IH烹调加热器的砂锅。我们用手触摸通电的IH烹调加热器却安然无恙，也是因为手不是可以导电的金属。但是在使用后，由于锅底的热量会传导给面板，使其变热，使用时还是要注意避免烫伤。

IH烹调加热器的工作原理

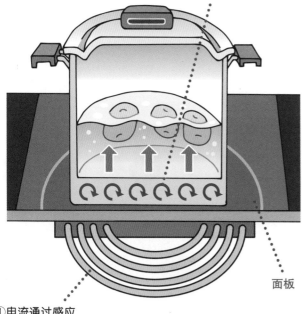

②锅底的金属中产生涡流，使锅底产生热量。

①电流通过感应线圈，产生磁力。

面板

要点在这里！
IH烹调加热器只能利用磁力加热金属。

泡状细胞
第150页问题答案

菜青虫和菜粉蝶是同一种生物吗？

生命 ♥ 虫类

幼虫变成蛹

每到春季，我们经常能看见在花丛中飞来飞去的菜粉蝶和趴在卷心菜叶上的菜青虫。你知道它们实际上是同一种生物吗？

菜青虫其实是菜粉蝶的幼虫，也就是菜粉蝶幼年时代的样子。首先，成年菜粉蝶将卵产在菜叶上，菜叶可以作为幼虫的食物。从卵中孵化出来的幼虫会先吃掉自己曾经的"家"——虫卵的外壳，然后靠啃食菜叶逐渐长大。

由于啃食的菜叶是绿色的，幼虫的身体也会变成绿色。我们把这种绿色的幼虫叫作菜青虫。菜青虫会通过蜕皮不断蜕掉旧的"皮肤"，最终发育成体积较大的幼虫，我们称其为"终龄幼虫"。然后，终龄幼虫会变成"蛹"的形态，为最终蜕变成菜粉蝶成虫做准备。

在蛹中，菜青虫原来的身体会逐渐溶解为黏稠状，并最终长出翅膀。

完全变态与不完全变态

像菜青虫这样，幼虫经历蛹的时期，最终发育成形态完全不同的成虫的过程叫作"完全变态"。与菜粉蝶一样经历完全变态的昆虫还包括蜂、苍蝇、独角仙等。

此外，像蝉、蝗虫等昆虫，幼虫和成虫的模样差别不大。幼虫只是不断蜕皮，但不会经历蛹的阶段，而是直接发育成了成虫，这种发育过程叫作"不完全变态"。

> **要点在这里！**
> 菜青虫是菜粉蝶的幼虫。幼虫经过反复蜕皮生长，变成蛹，最终蜕变为成虫。

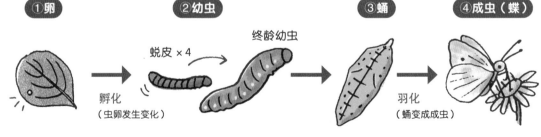

①卵	②幼虫	③蛹	④成虫（蝶）
孵化（虫卵发生变化）	蜕皮×4　终龄幼虫	羽化（蛹变成成虫）	
成年菜粉蝶将虫卵产在菜叶上。	反复蜕皮生长，最终发育成终龄幼虫。	变成蛹，为最终蜕变成菜粉蝶成虫做准备。	身体最终发育成了长着翅膀的成虫。

第151页问题答案

涡流

小测验　菜粉蝶的发育过程属于完全变态还是不完全变态？

阅读日期（　　年　　月　　日）（　　年　　月　　日）（　　年　　月　　日）

生物居住所需的条件

在太阳系的行星中，目前已知有生命存在的，只有地球。生命想要产生和生存下去，最重要的就是环境中必须要有液体状态的水。

在太阳系的行星中，水星和金星由于距离太阳太近，温度过高，水都蒸发掉了。

与此相反，天王星和海王星由于距离太阳过远，上面的水都结成了冰。

我们把宇宙中适合生命存在的范围称作"宜居带"。

所谓"宜居带"，指的是行星表面有合适的温度，并且水能够以液体状态存在的地域范围。在太阳系中，只有地球是满足"宜居带"条件的行星。

> **要点在这里！**
> 目前已知的，在太阳系中存在生命的只有地球。

太阳系中疑似有生命存在的天体

然而，最近的观测结果显示，有可能存在除地球以外的、存在液态水的天体。

举例来说，有观点认为，距今数十亿年前的火星表面，曾经存在与地球一样的液态水。现在火星的斜面上依然可以看到有水流过的痕迹，研究人员据此推测，在火星的地下有可能可以找到水。

另外，在围绕木星运转的卫星"木卫二（Europa）"、土星的卫星"土卫六（Titan）"和"土卫二（Enceladus）"表面厚厚的冰层下，也被认为可能存在含有液态水的地层。研究人员期待着在这些天体上发现原始生命的存在。寻找液态水能够帮助我们发现生命。

地球

太阳系

距离太阳太近，导致温度过高，水都蒸发掉了。

有液态水，气温也很稳定哦！

距离太阳过远，导致温度过低，上面的水都结成了冰。

水星　金星　地球　宜居带　火星　木星　土星　天王星　海王星

完全变态　第152页问题答案

小测验　在宇宙中，适合生命存在的地域范围叫什么？

高尔夫球上有很多小坑，它们的用途是什么？

阅读日期（　　年　　月　　日）（　　年　　月　　日）（　　年　　月　　日）

物质的作用

力

将球拉向高处

大家仔细观察过高尔夫球吗？它的表面并不是光滑的，而是有很多小坑。为什么要有这些小坑呢？

从正前方观察被打出的高尔夫球，会发现在大多数情况下，球是向上旋转的。此时，位于球上方的空气流动速度比下方快，由此产生了气流的速度差。这样一来，也就产生了将球向上拉的力（升力）。

有了小坑，球的表面就会产生小的气流，使得球上方和下方的气流速度差变大，这样一来，升力也会随之变大，球就可以飞得更远。

减小空气阻力

另外，还有一种力作用于飞行中的高尔夫球，叫作"空气阻力"。它可以使沿着球表面流动的空气流向球的后方，将球向后拉动。然而，有了球表面的这些小坑，就可以通过改变气流的方向而减小空气阻力。因此，表面有小坑的球比没有小坑的球飞得更远。据说，表面有小坑的球，飞行距离可以达到没有小坑的球的2倍。

宜居带
第153页问题答案

升力大小的差异

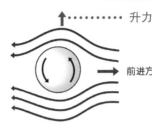 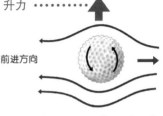

升力　　前进方向

如果没有表面那些小坑，上方和下方的空气速度差异较小，升力也会变小。

有了表面那些小坑，上方和下方的空气速度差异较大，升力也会变大。

空气阻力的差异

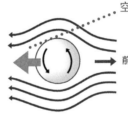

空气阻力　　前进方向

表面没有小坑的球遇到的空气阻力比有小坑的球要大。

表面有小坑的球遇到的空气阻力比没有小坑的球要小。

> **要点在这里！**
> 表面有小坑的球受到的升力会变大，向后拉动它的空气阻力会变小，可以飞得更远。

小测验　如果高尔夫球的表面是光滑的，还能飞得很远吗？

154

天气预报按时间长短分类

天气预报是使用现代科学技术对未来某一地点地球大气层的状态进行预测。

按天气预报的时效长短，可分为：①短时预报，预报未来 1～6 小时的动向。②短期预报，预报未来 24～48 小时天气情况。③中期预报，对未来 3～15 天的预报。④长期预报，

指 1 个月到 1 年的预报。通常广播与电视里播放的都是短期天气预报。

季节预报是指未来三个月或以上的预报，属于长期预报。

地球

气象

计算机大显神通

在季节预报中，会调用往年的数据，将当前的预测数据与往年同期做比较。

此外，还会将大气的流动、海水温度的变化、太阳光的强度和降雨量等各种实际发生的情况换算为具体数值，根据计算结果做出预报。这就叫作数值预报模型。

进行这种计算要用到超级计算机。超级计算机的运算速度可以达到普通计算机的数十万倍。利用这样的速度，可以将大量气象数据进行整合和计算，从而实现对天气的预测。

季节预报可以应用于农作物的防冻、防高温及预测用电需求、防中暑等多个领域。

实际发生的现象

太阳光　大气流动　云

热量

水蒸气　雨

海水温度

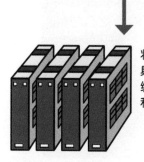

将上述信息转化为具体数值，利用超级计算机进行计算和预测。

> **要点在这里！**
>
> 将大量信息转化为具体数值，利用超级计算机进行计算，可以预测出未来三个月或更久的天气趋势。

第154页问题答案

不能

小测验　对未来 24～48 小时天气情况的预报叫什么?

潮起潮落是如何发生的?

地球

月球

海里出现一条路

在日本香川县的小豆岛旁边,有一个叫作余岛的无人岛。这个岛在距离小豆岛约1000米处,平时只能坐船前往。然而,每天有两个时间段,海里会出现一条连接两个岛的小路,人们可以步行往返。

之所以会发生这种不可思议的现象,是"潮起潮落"的缘故。海平面每天会重复两次慢慢上涨再慢慢下降的循环,大约每半天一次。这种由潮起潮落引起的海平面比平时升高的现象叫作"涨潮",海平面比平时降低的现象叫作"落潮"。

在余岛上,落潮时海平面降低,沙滩会露出海平面,因此,出现一条小路。

月球吸引潮水

潮起潮落主要是由两种力共同发挥作用引起的。

一种是天体将位于其周围的物体向其拉近的"引力"。由于月球的引力牵动了地球上的海水,因此在地球朝向月球的一侧,海平面会升高,出现涨潮。此外,来自太阳的引力虽然强度不如月球,但也发挥了一定的作用。

还有一种就是由于地球和月球围绕同一个重心运转产生的"离心力"(→p.146)。在地球背对着月球的一侧,这种力发挥的作用会增强,将海水向外侧牵引,形成涨潮。在与发生涨潮的地点经度相差90度的地方,海平面会下降,发生落潮。

地球上经常会在两个地方同时分别出现涨潮和落潮。地球每天会自转一周,因此在同一个地方,每天会分别出现两次涨潮和落潮。

> **要点在这里!**
>
> 海平面的高度发生变化,主要是由月球引力,以及地球和月球围绕同一个重心运转产生的离心力导致的。

潮起潮落

月球

从北面观察到的地球

落潮

涨潮

自转

涨潮

引力

落潮

离心力

面对月球和背对月球的地方会出现涨潮,而与之经度相差90度的地方会出现落潮。

小测验 引发地球上潮水变化的两种力分别是什么?

阅读日期（　　年　　月　　日）（　　年　　月　　日）（　　年　　月　　日）

看到反射回来的光

你有没有在浴缸里观察过伸进水里的手？有没有觉得有什么神奇之处？随着观察角度的不同，我们有时会发现手指看起来变短了。

太阳和照明工具发出的光，经物体反射后进入人们的眼睛，被人们感知。进入眼睛的光的信息被输送到头部的"脑"中，脑就会做出"看见了××"的反馈。

伸进浴缸里的手，也是由于手上反射的光经过热水和空气的传播，最终抵达我们的眼睛的。

光可以发生弯折

光有沿直线传播的特点。但是，当光线进入空气、水、玻璃等不同物质时，就会在不同物质的交界处发生弯折后继续传播。这种现象叫作光的"折射"（→p.282）。

伸入水中的手反射的光也在热水和空气的交界处发生了弯折，然后继续传播。但是我们的大脑始终认为光是沿直线传播后进入眼睛的。因此，随着观察角度的不同，有时手指看起来好像变短了。

观察的角度和位置不同，所看到的现象也会不一样。

物质的作用

光

第156页问题答案
引力和离心力

要点在这里！
光从水中进入空气中时会发生折射。

在浴缸中手指看起来变短了的原理

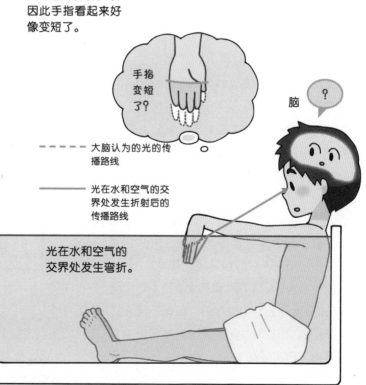

大脑误认为光始终是沿直线传播的，因此手指看起来好像变短了。

手指变短了？

脑 ？

----- 大脑认为的光的传播路线

—— 光在水和空气的交界处发生折射后的传播路线

光在水和空气的交界处发生弯折。

小测验　光在不同物质的交界处发生弯折后继续传播的现象叫什么？

星星的亮度是由什么决定的?

地球

宇宙

2000多年前就有了星等

大家听说过"一等星""二等星"这样的说法吗？这叫作"星等"，是用数字来衡量星星明暗程度的概念。

距今2000多年前，古希腊天文学家喜帕恰斯眺望星空，最早提出了按照星星的明暗程度进行分类的想法。喜帕恰斯将星星分成了6个等级，其中看起来最亮的20颗星被定为"一等星"，而很努力才能看清的星星则被定为"六等星"。这就是最初的星等。

作为基准的是哪颗星？

时光流逝，斗转星移。到了19世纪，科学家发现，一等星的亮度约为六等星的100倍。如果等级相差5级时，亮度约相差100倍，那么相邻等级之间的亮度差约为2.5倍。于是，亮度约为一等星的2.5倍的星星被定为零等星，比零等星还要亮2.5倍的星星被定为负一等星……以此类推，人们终于能够正确用数字表达星星的明暗程度了。

并且，作为衡量星等的基准，人们还制定了一条规则——"北极星是二等星"。

但是后来，人们了解到北极星是一颗"变光星"，亮度是会发生变化的。因此，现在将小熊座的 λ 星定为六点五等星，将其作为目视星等的基准（零点）。

第157页问题答案

折射

> **要点在这里！**
>
> 人们利用星等来表示所看到的星星的明暗程度，将小熊座的 λ 星作为目视星等的基准。

星等

2.5倍 → 一等星

2.5倍 → 二等星

2.5倍 → 三等星

100倍　2.5倍 → 四等星

2.5倍 → 五等星

2.5倍 → 六等星

我就是基准！ → 小熊座 λ 星 六点五等星

相邻等级间的亮度差约为2.5倍。一等星的亮度约为六等星的100倍。

小测验　一等星的亮度约为六等星的多少倍？

太阳的温度是如何测定的?

阅读日期（　年　月　日）（　年　月　日）（　年　月　日）

星星的颜色与其表面温度之间的关系

红色	2500℃ ~ 3900℃
橙色	3900℃ ~ 5300℃
黄色	5300℃ ~ 6000℃
淡黄白色	6000℃ ~ 7500℃
白色	7500℃ ~ 10,000℃
蓝白色	10,000℃ ~ 29,000℃
蓝色	29,000℃ ~ 60,000℃

位于猎户座左上方，呈红色的猎户座 α 星表面温度较低，位于猎户座右下方，呈蓝白色的猎户座 β 星表面温度较高。

地球

太阳

颜色随温度发生变化

据说，太阳表面的温度高达6000℃（→p.39）。但是，谁也不能真的到太阳上去测一测。人们受到某种东西的启发，最终测出了太阳表面的温度。这就是颜色。

你知道星星是有颜色的吗？夜空中闪烁的星星，其实有着各种各样的颜色。

举例来说，猎户座（Orion）是冬天的代表性星座。这个星座是以神话中的猎人奥瑞恩（Orion）的形象命名的。仔细观察猎户座左上方的那颗星星（猎户座 α 星），会发现它发出红色的光。

与此同时，位于猎户座右下方的星星（猎户座 β 星）则与左上方的星星颜色不同，发出蓝白色的光。

造成星星颜色差异的原因就在于其表面温度。具体来讲，呈红色的星星表面温度较低，呈蓝色的星星表面温度较高。

太阳是什么颜色的?

因此，太阳也是一样，通过太阳发出的光的颜色，就能测算出其表面温度。

星星的颜色与其表面温度之间的关系如左侧图表所示。

通过对太阳光进行仔细研究，人们发现太阳光是黄色的。由此，人们推算出太阳的表面温度在6000℃左右。

要点在这里！ 星星的表面温度不同，其呈现出的颜色也不同。因此，人们根据太阳的颜色推算出了其表面温度。

100倍

第158页问题答案

小测验 呈红色的星星与呈黄色的星星相比，其表面温度是高还是低？

海啸和普通的海浪有什么不一样?

阅读日期(年 月 日)(年 月 日)(年 月 日)

地球

海洋

风制造了海浪

海面上下起伏的现象叫作"波浪"。普通的海浪是风制造出来的,会不断接近和远离海岸。

海上起风时,海面上就会产生小水波(涟漪)。这种小水波不断被风吹动,就会逐渐变大,最终抵达海岸。我们把这种海浪称为"风浪"。此外,还有一种由于远处的台风或低气压造成的波长较长的波浪,我们称之为"浪涛"。

在起了波浪的海面下方,海水会发生圆周运动,使波浪传到更远的地方。一旦接近海水较浅的海岸,圆周运动的强度就会减弱,波浪也会变成泡沫,消失得无影无踪。

地震引发的海啸

海啸是由地震引发的。地震引发震源周围的海底发生运动,周围的海水随之上下起伏。这种运动的范围逐渐扩大,就形成了海啸。

海啸发生时,海水会整体发生剧烈的运动,并以极快的速度扑向陆地。因此,此时的海浪不会像平时一样在海岸线附近停下来,而是不断涌向岸边。风浪制造的海浪长度一般在数十米左右,而海啸发生时,波浪的长度达数百公里,一旦抵达陆地,会造成重大的灾害。2011年的东日本大地震,引发的海啸就造成了巨大的损失。

普通的海浪

风

接近岸边时,圆周运动会被破坏,波浪变成泡沫,消失得无影无踪。

利用海水的圆周运动抵达岸边。

海啸

地震引发海底和海面大幅上升。此时,大量海水快速涌向岸边。

第159页问题答案 低

要点在这里!

普通的海浪是风制造出来的,而海啸是地震引发的。

小测验 风制造出海浪时,海水做着什么样的运动?

160

被菜青虫啃食时，卷心菜也会求救！

生命 ♥ 植物

我被咬得好惨……该轮到"芥子油气味"登场啦！

① 散发"芥子油气味"。

② 闻到这种气味，菜粉蝶绒茧蜂就会飞来，在菜青虫体内产卵。

啊呜啊呜……咦？你是谁？

我是闻着味儿赶来的。

③ 菜粉蝶绒茧蜂的幼虫会把菜青虫吃掉。

要点在这里！

卷心菜利用自身散发的气味召唤啃食菜叶的虫子的天敌。

卷心菜发出的"求救信号"

动物会用逃跑和躲避的方式躲开想要吃掉自己的天敌，保护自己。但是，对于不会动的植物来讲，即使发现自己的天敌来了，也没办法逃走。为此，植物为了保护自己，也在默默进行着我们看不见的反击。

以卷心菜为例，每当菜青虫（菜粉蝶的幼虫）啃食卷心菜的叶片，卷心菜就会散发出一种人类说不清楚的气味。人们将这种气味称为"芥子油气味"。每当卷心菜散发出芥子油气味，菜粉蝶绒茧蜂就会飞来，在菜青虫体内产卵。而菜青虫最终会被菜粉蝶绒茧蜂的幼虫吃掉。

卷心菜正是利用气味发出求救信号，召唤作为菜青虫天敌的菜粉蝶绒茧蜂来救它的。

利用不同的气味发挥作用

啃食卷心菜的虫子并不只有菜青虫。

当被小菜蛾的幼虫啃食时，卷心菜会换一种气味，召唤能在小菜蛾幼虫身上产卵的小菜蛾绒茧蜂前来营救。卷心菜散发出的气味包含多种成分，可以根据实际情况变换组合方式，召唤虫子的天敌——寄生蜂前来。

这种利用气味发出的求救信号还有一个作用，就是向生长在周围的同类植物发出危险预警信号。

圆周运动 第160页问题答案

人体内也存在电压！

物质的作用

电

神经能够传导电信号

我们在日常生活中使用电器时，会用插座和电池给电器通上电。然而实际上，我们的体内，也会产生电。

人体内有一种将身体各部分的状态传递给大脑，再将大脑所发出的命令传递到身体各个部位的构造——"神经"。神经通过传导极其微弱的电信号，与大脑和脊髓进行信息交换。

举例来说，当我们受到来自体外的刺激时，这种刺激就会转化为电信号，通过神经细胞传递给大脑和脊髓。

心脏也是利用电信号工作的

心脏也会产生电信号。在心脏上，有一个叫作"窦房结"的部位。这个部位会产生电信号，并将其传递给心脏的肌肉组织。这种电信号可引起肌肉收缩，使得心脏像泵一样，源源不断地把血液输送到身体各处。

大家在体检时做过心电图吧？心电图就是测量这种心脏所发出的电信号，将心脏的活动状况以图表的形式表达出来。通过查看心电图，就能够了解心脏的工作是否正常。

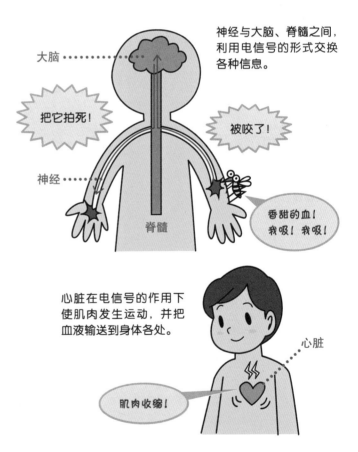

神经与大脑、脊髓之间，利用电信号的形式交换各种信息。

大脑

把它拍死！

被咬了！

神经

香甜的血！我吸！我吸！

脊髓

心脏在电信号的作用下使肌肉发生运动，并把血液输送到身体各处。

心脏

肌肉收缩！

> **要点在这里！**
> 神经通过电信号实现信息交换，心脏也是利用电信号工作的。

气味

第161页问题答案

小测验 以微弱的电信号的形式将大脑的命令传递到全身各处的东西叫什么？

抹香鲸可以一直潜到深海！

生命

动物

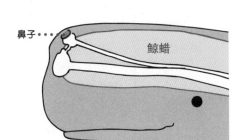

鼻子

鲸蜡

平时，鲸蜡以液体状态存在于头部。

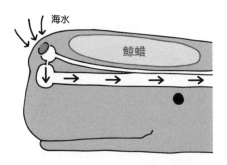

海水

鲸蜡

吸入冰冷的海水后，鲸蜡冷却凝固，变成固体，密度变大。抹香鲸凭借鲸蜡的重量潜入深海。

头部蓄积了脂肪

鲸大致可以分为两类，分别是以浮游生物和小鱼为食的须鲸，和以大型生物为食的齿鲸。

在齿鲸中，体积最大的一种叫作抹香鲸。抹香鲸有巨大的头部和嘴，嘴里长着尖利的牙齿。并且，它可以潜到1000多米以下的深海捕食猎物。这时，它巨大的头部就发挥了非常重要的作用。

在抹香鲸的头部，蓄积了大约3吨重的脂肪，我们称之为"鲸蜡"。鲸蜡冷却后呈固体状，受热后会变为液体。抹香鲸正是利用鲸蜡的这种性质潜入深海的。下潜时，它们首先用鼻子上的小孔吸入冰冷的海水，使鲸蜡冷却。冷却后的鲸蜡凝固，密度会变大。凭借凝固后的鲸蜡的重量，抹香鲸最深可以潜入3000米的海底。

捕食大王乌贼

身长约15米的抹香鲸想要填饱肚子，需要捕食大量的猎物。生活在深海的大王乌贼就是抹香鲸众多食物中的一种。

大王乌贼是一种体形巨大的乌贼，包括长长的手臂，其长度可达7~8米。想抓住这么大的猎物绝非易事。而且大王乌贼也会用长长的手臂进行反击，因此，抹香鲸的脸上经常会留下大量吸盘的痕迹。

要点在这里！

抹香鲸通过使头部蓄积的鲸蜡冷却凝固，密度变大，潜入深海。

神经　第162页问题答案

小测验　蓄积在抹香鲸头部的脂肪叫什么？

人为什么会犯困？

生命
人体

让大脑和身体休息

你可能会觉得奇怪，明明还有很多事情要做，为什么就犯起困来了呢？

其实，睡觉（睡眠）是一件非常重要的事情。白天，我们去学校上课，跟小伙伴一起玩，大脑和身体始终处于持续工作的状态。不知不觉就会变得疲劳，因此，需要睡觉休息。

大脑一旦产生疲劳，其中就会积聚起一种叫作"褪黑素"的物质。这就是导致我们犯困的原因。

进入睡眠状态后，大脑会对白天的所见所闻加以整理。白天在学校学到的知识也会在睡觉期间被整理后存入记忆当中。

配合人体的生物钟

导致我们犯困的原因并非只有一个。

我们每个人其实都像时钟一样，在一天之中有着固定的生活节奏。制定出这个节奏的就是我们体内的生物钟（→p.183）。生物钟的核心位于大脑，是一个叫作"视交叉上核"的小部位。

每当夜幕降临，为配合我们体内的生物钟，人就会犯困。这个时候，大脑也开始分泌出令人犯困的物质。而到了第二天早晨，在太阳光的照射下，生物钟会被重置，帮助我们清醒过来。

配合体内的生物钟

早晨醒来

夜晚犯困

体内生物钟的位置

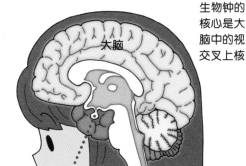

大脑

视交叉上核

生物钟的核心是大脑中的视交叉上核。

要点在这里！

大脑感觉到疲劳后，会积聚起一种令人犯困的物质。此外，每到夜间，为配合体内的生物钟，人就会犯困。

小测验　大脑感觉到疲劳后，会积聚起一种什么物质？

地球的大小是如何测定的?

阅读日期（　　年　　月　　日）（　　年　　月　　日）（　　年　　月　　日）

地球
大地

测量地球大小的方法

翻看图鉴之类的书籍时，上面总会提到地球的大小。这当然不可能是用尺子量出来的，而是利用各种方法计算出来的。

距今2200多年前，有一位叫作埃拉托色尼的古希腊学者首次计算出了地球的大小。

他首先了解到，在夏至这一天的正午时分，如果站在一个叫作赛恩城（今埃及阿斯旺附近）的地方，人影会垂直向下，太阳光会竖直射入深深的井底。这是由于此时的太阳位于赛恩城的正上方。然而，同一天的同一时刻，在位于赛恩城北部一个叫作亚历山大城的地方，阳光却能让一切物体投射出斜斜的影子。由此，埃拉托色尼认为，地球是圆的。并且开始尝试计算地球的周长。

基于赛恩城和亚历山大城之间的距离，以及太阳在亚历山大城的角度，埃拉托色尼计算出地球的周长约为46,000千米。后来的科学家测算出的地球实际周长是约40,000千米。因此，在当时来讲，这个计算结果的准确率实在高得惊人。

利用人造卫星进行勘测

现在，利用人造卫星，我们可以更加精确地测算出地球的周长。

具体做法是，先在地球上选两个点，同时向同一颗人造卫星发射激光，测出光线抵达卫星并返回所需的时间，再利用两点之间的距离和角度等数据加以计算，最终得出地球的周长。

太阳

赛恩城
不会产生影子，
太阳光竖直射入
井底。

亚历山大城
会产生影子。

地球

地球是圆的，因此在同一时刻，不同地点接收到的光照是不一样的，地面上产生的影子也随之不同。埃拉托色尼正是利用这一点，计算出了地球的周长。

要点在这里！

最初，人们是基于位置不同的两地太阳的角度来测量地球的大小的，而现在，人们使用人造卫星来完成测算。

第164页问题答案

漂白剂是如何让衣物变白的？

物体的
性质

变化

用清洁剂除不掉的污渍

我们洗衣服的时候，会用到清洁剂。清洁剂通过去除附着在纤维上的污渍，将衣服清洗干净。

但是，当衣服沾上类似咖喱这类的东西，即便用了清洁剂，也很难清洗干净。这是由于咖喱中的色素浸入了衣服纤维的网眼深处，

与纤维结合在一起了。想要将这种附着了污渍的纤维清洗干净，就要用到漂白剂。

破坏色基

我们家里常用的漂白剂主要有"盐素（含氯）类"和"酸素（含氧）类"这两大类。这两类漂白剂都含有分解附着在纤维上的污渍，将其置换为无色物质的成分。

含氯类漂白剂的漂白能力较强，甚至可以将纤维原本的颜色也一并去除，常用于去除附着在抹布等上面的顽固污渍。此外，由于其具有强碱性，不能用于羊毛、绢丝、尼龙等材质的漂白，但可以用于棉、麻、聚酯纤维、腈纶等材质。

比较而言，含氧类漂白剂的漂白能力要弱于含氯类漂白剂。但由于其不会将衣物原本的染色物质（染料）分解，也可以用于贴身衣物的漂白。

此外，含氯类漂白剂与酸性物质混合后，会释放出有毒气体，因此，一定要避免将其与酸性清洁剂一同使用。

在使用漂白剂和清洁剂时，请务必认真阅读注意事项。

漂白剂的原理

由于服装（布料）是用线编织出来的，表面上会有一些网眼。
用清洁剂无法去除的污渍（色基）会进入这些网眼中。

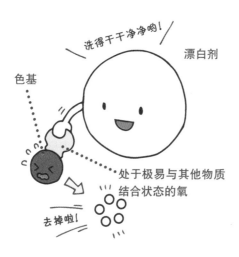

洗得干干净净啦！

漂白剂

色基

处于极易与其他物质结合状态的氧

去掉啦！

漂白剂中的氧附着在色基上，导致色基被破坏，从而使衣物变白。

要点在这里！
漂白剂会分解构成颜色的成分，并将其置换为没有颜色的物质。

小测验　我们家里平时用到的漂白剂分为哪两类？

什么是生物多样性?

生命

动物

生物之间的关联

地球上生活着各种各样的生物,它们彼此之间相互关联,共同维持着一种平衡的状态,这就是"生物多样性"。正是拜生物多样性所赐,我们人类才能够获得来自大自然的各种馈赠。

举例来说,蜜蜂帮忙传播花粉,使植物结出果实,我们才能够获得各种各样的蔬菜和水果(→p.86)。可以这样说,多亏了蜜蜂和植物之间的这种关联,我们才吃到了水果、蔬菜。

生物多样性包括生态系统多样性、物种多样性和遗传多样性三种。其中,生态系统多样性是指像森林、海洋、河流等各种适合生物生存的环境;物种多样性是指从动植物到微生物,自然界存在着大大小小各种生物;遗传多样性是指在同一物种中也存在各种各样的遗传基因,从而使得每个个体在形态、功能、个性等方面存在差异。

生物多样性面临的危机

地球上每年会有1000 ~ 10,000种生物灭绝,地球正在逐渐丧失原本的生物多样性。

导致这种情况的原因主要包括以下几点:

(一)自然环境遭到破坏和污染,使很多生物逐渐失去了栖息之所,加之人类粗暴地攫取生物资源,使其数量不断减少。

(二)对深山等地的保护不足,导致生态系统的平衡遭到破坏。

(三)原本不属于某地的物种入侵,使得该地区原有的生态平衡遭到破坏。

(四)温室效应(→p.259)。

面对这样的现实,我们有必要认真思考今后应该怎样做,才能保护地球上的生物多样性。

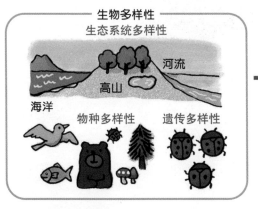

生物多样性
生态系统多样性
河流
高山
海洋
物种多样性　遗传多样性

生物多样性支撑着我们的生活。

地球上各种生物之间的关联叫作生物多样性,它与我们的生活息息相关。

要点在这里!

第166页问题答案
盐素(含氯)类和酸素(含氧)类

小测验 生物多样性包括三种,分别是生态系统多样性、遗传多样性和什么?

5月 23日

在很久以前的地球上，只有一整块大陆！

地球

大地

大陆最初是什么样子的？

现在，在我们生活的地球上，共有6块大陆，分别是亚欧大陆、非洲大陆、北美大陆、南美大陆、澳大利亚大陆和南极大陆。

然而，在距今约2亿年前，这些大陆板块都是连在一起的。当时的地球上只有一块巨大的陆地，我们称之为"泛大陆（盘古大陆）"。这发生在比人类诞生还要早很多的时候。

使大陆发生移动的板块运动

那么，这块巨大的大陆为什么会分裂成如今的6块呢？

在地球上，无论海洋还是陆地底下的岩层，都是由像岩石板一样的东西——"板块"覆盖着的。

地球上并非只有一个板块，而是有若干个。并且，每个板块都会由于位于其下方的地幔（→p.80）的运动，每年发生数厘米的移动。

导致泛大陆（盘古大陆）最终分裂的，也是这种板块运动。在巨大大陆下面的板块下，从地球内部产生了向上涌动的地幔流，大陆因此

而分裂，并开始随板块运动发生移动。

曾经巨大的泛大陆（盘古大陆）经历了约1.8亿年的漫长历史演变，最终形成了今天的样子。

时至今日，大陆的运动还在持续。但是，由于这种运动的节奏十分缓慢，对于平时居住在陆地上的我们来讲，是根本察觉不到的。

> **要点在这里！**
> 经过长达1.8亿年的板块运动，曾经巨大的泛大陆分裂成了如今的6块大陆。

从地球内部向上涌动的地幔流使大陆发生了分裂。

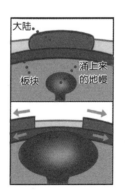

大陆

板块　涌上来的地幔

2亿年前的地球

泛大陆（盘古大陆）

↓

6500万年前的地球

↓

现在的地球

大陆的移动

第167页问题答案

物种多样性

小测验　覆盖在地球表面，像岩石板一样的东西叫什么？

世界上最坚硬的食物——鲣节的秘密！

物体的性质　变化

除掉水分使其变得坚硬

你见过被削成片之前的鲣节吗？它看起来就像一根坚硬的茶色木棒。

鲣节是去掉鲣鱼体内的水分后制成的。

首先，将鲣鱼处理后放进水里煮；然后，剔除鱼骨、鱼刺等。此时，鲣鱼中含有的水分与活的鲣鱼大致相同。接着，用热风和烟熏制，将其烘干去除体内的水分，数次重复上述操作，使得鲣鱼体内的水分减少一半以上。

然后，就进入了"长霉"的操作环节——用日光照射使其变得干燥。这个过程也要重复数次。历时四个多月，最终完成制作。这时，一条原本重达5千克的鲣鱼，制成鲣节后重量只有800～900克，水分含量也只有原来的12%～15%。因此，它被称为世界上最坚硬的食品。

发酵使其变得更加美味

在制作鲣节的过程中，有一个叫作"长霉"的操作环节。那么，为什么要特意让它长霉呢？

像霉菌这类肉眼看不到的微生物，有些会导致食物腐烂，也有一些会让食物变得更加美味。利用微生物的作用，可以使食物发生一些变化，从而令其更加美味且易于长久保存，这个过程我们称之为"发酵"（→p.90）。鲣节上长出的霉菌不仅可以从内部进一步去除其中所包含的水分，帮助其进一步干燥，还可以使鲣节的味道变得更好，具有去除鱼肉中油腻和腥味的作用。

要点在这里！ 制作鲣节的过程中利用了霉菌吸收水分和使食物发酵的功能。

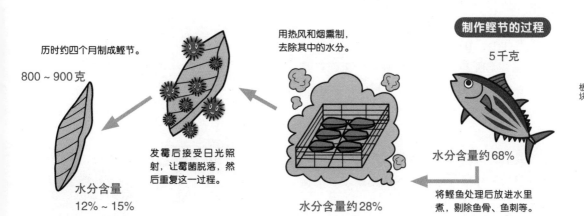

制作鲣节的过程

历时约四个月制成鲣节。
800～900克
水分含量 12%～15%

发霉后接受日光照射，让霉菌脱落，然后重复这一过程。

用热风和烟熏制，去除其中的水分。
水分含量约28%

5千克
水分含量约68%

将鲣鱼处理后放进水里煮，剔除鱼骨、鱼刺等。

板块

第168页问题答案

小测验 为去除鲣节中的水分并使其发酵，需要利用什么东西的作用？

工蜂全部是雌性的！

生命

虫类

蜂王与工蜂

蜜蜂是群居性的昆虫。在一个蜂巢中，会有多达5万只蜜蜂生活在一起。

蜂王是蜂巢的核心。每个蜂巢里只有1个蜂王。蜂王最重要的职责就是产卵，每天会产1000颗左右的卵。

此外，在蜂巢中，还有一种叫作"工蜂"的蜜蜂。

从幼虫发育成成虫后，工蜂最初会负责打扫蜂巢和照顾蜂王产下的卵。之后，它们会飞到蜂巢外面，采集作为食物的花蜜和花粉（→p.86）。

蜂王的寿命约为4年，而工蜂的寿命仅有1个月左右。

无所事事的雄蜂

在蜂巢中，工蜂约占整体数量的90%。但是，工蜂全部是雌蜂，没有雄蜂。那么，雄蜂每天都做些什么呢？

实际上，在工蜂忙碌工作的时候，雄蜂一直都是无所事事的。雄蜂唯一的工作就是在蜂巢外追着蜂王进行交尾。而且，交尾后，雄蜂就会死去。

此外，有一些无法与蜂王交尾的雄蜂回到蜂巢后，会继续无所事事。因此，这些游手好闲的雄蜂最终会被工蜂逐出蜂巢，活活饿死。

> **要点在这里！**
>
> 在蜂巢里，工蜂约占蜜蜂总数的90%，且全部是雌蜂。

蜂巢中的蜜蜂

蜂王

身长1厘米

每天产下约1000颗卵。

雄蜂

身长1厘米

在蜂巢外追着蜂王交尾。

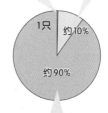

1只　约10%

约90%

工蜂（全部是雌蜂）

身长1厘米

打扫蜂巢，照料蜂王产下的卵。之后，会去采集作为食物的花蜜和花粉。

第169页问题答案

霉菌

小测验　蜂王每天可以产多少卵？

山和土地的高度是如何测量的？

测量高度的基准

我们通常以海平面为基准，来测量山和土地的高度，得到的结果用"海拔（海平面以上的高度）×米"来表示。但是，随着潮起潮落（→p.156），海平面的高度会发生变化。因此在日本，将东京湾的平均海平面高度（标高）定为0米。为了进一步清晰地表明这个海平面高度，又在地面上确定了位于东京都千代田区国会议事堂前的日本水准原点。这里的高度比平均海平面高度的0米要高出24.5米。

以此为基准，日本全国还分布着约17,000个水准点。

测量高度时，要测出高度已知的水准点与想要测量的目标物之间的高度差，重复多次测量后，最终得到山和土地的高度。

目前，利用人造卫星测量高度的方法也得以广泛应用。利用GNSS（全球导航卫星系统）进行测量时，通过在电子基准点对人造卫星发射的电波进行观测，来测算目标物的高度（→p.93）。

高度随地壳运动发生变化

山和土地的高度并不是一成不变的。随着板块（→p.168）的运动，山可能会逐渐变高，同样，当地震发生时，地面可能会下沉。也就是说，山和土地的高度受地壳运动和变化的影响。

因此，日本水准原点的高度也会定期进行调整。

比如，1923年关东大地震之后，日本水准原点变更为24.4140米，到了2011年东日本大地震时，人们了解到地面发生了轻微下沉，于是将日本水准原点重新进行了调整，目前的高度为平均海平面以上24.3900米。

地球

大地

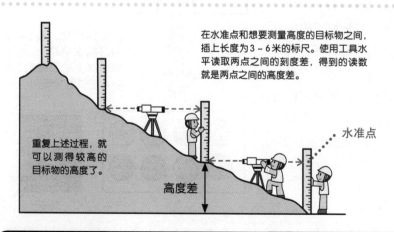

在水准点和想要测量高度的目标物之间，插上长度为3～6米的标尺。使用工具水平读取两点之间的刻度差，得到的读数就是两点之间的高度差。

重复上述过程，就可以测得较高的目标物的高度了。

水准点

高度差

日本的山和土地的高度，是以遍布日本全国的水准点为基准，利用人造卫星发出的电波进行测算的。

要点在这里！

第170页问题答案

约1000颗

小测验　我们以海平面为基准，来测量山和土地的高度，得到的结果用什么来表示？

物体的性质

磁体

产生"磁力"的物质

磁铁具有吸引铁、钴、镍等部分金属的性质。那么，为什么这些金属会被磁铁吸住呢？

世间万物都是由一种肉眼看不到的，叫作"原子"的小颗粒构成的（→p.76）。原子的中心有"原子核"，它的周围有一种体积更小的颗粒，叫作"电子"。电子会发生自旋运动，并在自旋的过程中产生互相吸引或排斥的"磁力"。

磁力发挥作用的原理

在一个原子中，有数个电子，它们之间会将各自所产生的磁力相互抵消。此时，原子体现不出磁铁的磁力。

但是，在铁和钴的原子中，有一些电子处于磁力未被抵消的状态。因此，原子具有类似小磁铁的性质，能够与磁铁互相吸引。

不过，在平常状态下，每个原子的磁力方向是不一致的，因此，整块的铁不会表现出磁铁的性质。

但是，当其接近磁铁时，在磁力的作用下，原子的磁力都朝向同一个方向。这样一来，整块的铁或钴就具有了作为磁铁的性质，能够与磁铁互相吸引。

> **要点在这里！**
>
> 铁和钴等金属中的每一个原子都带有磁力，接近磁铁时，磁力方向变得统一，能够与磁铁互相吸引。

铁与磁铁相吸引的原理

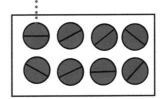

铁原子

由于铁原子的磁力朝向不一致，铁块此时并不具备作为磁铁的性质。

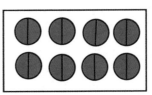

磁铁

接近磁铁时，原子的磁力方向变得统一，于是整块铁变成了磁铁，能够与磁铁互相吸引。

海拔×米

第171页问题答案

小测验　原子中的电子会发生什么运动，产生互相吸引或排斥的磁力？

水稻为什么生长在水田，而不是旱田里？

生命 ♥ 植物

水田的构造

我们平常吃的蔬菜和水果，大多种植在旱田里。但是，作为许多人主食的大米却不是这样。大米是一种叫作水稻的植物的果实，在很多国家，水稻几乎都种在水田，而不是旱田里。这究竟是为什么呢？

水田被一种用泥土堆砌而成的"垄台"隔成田垄，形成"耕作层"和"犁底层"两个土层。

耕作层是为播种水稻而经过耕作的土层。这里的土壤中含有大量的营养成分。而犁底层是能够帮助储存水分的、较为坚硬的土层。由于这一层的存在，水不容易下渗，使水田里的水分得以留存。

水稻的秘密

那么，为什么水稻生长在水田，而不是旱田里呢？这与水稻自身的构造有着密切的关系。

水田里的水主要是从河里引来的。从山上流下的水中含有大量的营养成分。因此，与旱田相比，在水田里，水稻可以获得更为丰富的营养。

说到这里，也许有人会想，那把其他的蔬菜水果也种在水里不是更好吗？但实际上不能这样做。一般情况下，把植物的根部浸入水中，植物会由于缺氧而腐烂。

但水稻是利用叶和茎吸收氧，然后将其运送到根部的，与其他植物不同，因此，可以在水田种植。

水田的构造

形成"耕作层"和"犁底层"两个土层，蓄水种植水稻。

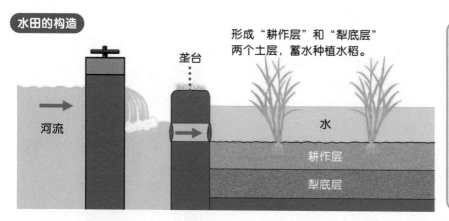

河流　垄台　水　耕作层　犁底层

要点在这里！
由于水田使用的是含有大量营养成分的河水，且水稻结构特殊，所以可以在水田里成长。

第172页问题答案
自旋

不饿的时候，肚子为什么也会咕咕响？

阅读日期（　　年　　月　　日）（　　年　　月　　日）（　　年　　月　　日）

生命
人体

肚子的哪个地方在咕咕响？

我们感觉饿的时候，肚子会发出咕咕的响声。其实，发出响声的是胃，也就是对食物进行消化的地方。当胃里没有食物时，就会缩小。但是，一旦有食物进入，胃部的肌肉就会被拉伸，膨胀变大，并分泌出胃液。然后，胃不断伸缩，将食物和胃液搅拌在一起，使食物变成黏稠状的物质，然后输送到肠道（位于胃下方，是人体吸收营养和水分，产生粪便的地方）中。

由于胃经常不断地伸缩（蠕动运动），当胃变空，里面没有食物时，就会挤压里面的空气，发出咕咕的声音。这就是肚子饿的时候我们听到的声音。

肚子不饿的时候听到的声音

有时我们明明不饿，却也能听到肚子咕咕叫。这又是为什么呢？

当我们吃东西吃得太急，或者是喝碳酸饮料时，空气和其他气体也会被一起吞进胃里。这些气体在蠕动运动的作用下被挤压到肠道里，就变成了我们听到的肚子叫声。

还有，当我们吃得太饱时，也能听到肚子叫。这时候发出声音的不是胃，而是肠道。这是想要排出粪便而在肠道中剧烈运动的气体发出的声音。这种气体最终会变成屁排出体外。

耕作层
第173页问题答案

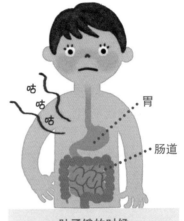

胃

肠道

肚子饿的时候

空气

蠕动运动导致空气被挤压到肠道内，发出声响

肚子不饿的时候

空气和其他气体

空气和其他气体被挤压到肠道内，发出声响

蠕动运动

胃

①没有食物进入时，胃会收缩。

食物

②食物进入后，胃会膨胀变大并分泌胃液。

③反复伸缩，将食物和胃液搅拌在一起，输送到肠道中。

要点在这里！

吃东西太急，或者喝碳酸饮料时，空气和其他气体会一起被吞进胃里，再随着胃部的蠕动运动被挤压到肠道里，就变成我们听到的肚子叫声。

小测验　胃的伸缩运动叫什么名字？

最早的人类是如何产生的？

阅读日期（　　年　　月　　日）（　　年　　月　　日）（　　年　　月　　日）

诞生于非洲

人类与猿拥有共同的祖先。在距今约600万年前，人类从猩猩中分化出来，开始了独立的进化历程（→p.61）。

距今约400万年前的非洲，诞生了南方古猿。虽然名字叫作"猿"，但是它们与猴子和猩猩不同，是利用双腿直立行走的。

南方古猿最终进化成"能人"，在距今约180万年前离开非洲，来到了亚欧大陆。他们会生火，还会使用工具。其中最著名的，是中国的北京猿人和印度尼西亚的爪哇猿人。

随着时间的流逝，能人进一步进化，开始住在小房子里，用石头制作工具，进行狩猎，并有了文化的概念。从距今约50万年前开始，被称为"直立人"的人类祖先开始以欧洲为中心扩散。但是在那以后，地球进入了"冰河期"，整体温度下降，在这一时期，旧人灭绝了。

目前的观点认为，与现在的人类有直接关联的是智人。智人诞生于距今约20万年前的非洲，后来扩散到了世界各地。

生命 ♥ 进化

最早的人类女性

目前最古老的人类化石，是1974年在非洲埃塞俄比亚发现的，距今约320万年的南方古猿的化石。

人们找到了其全身约40%的骨骼，据此判断出那是一位女性，并将其命名为"露西（Lucy）"。

要点在这里！ 南方古猿作为最早出现的人类，诞生于距今约400万年前的非洲。

约400万年前　　约80万年前　　约50万年前　　约20万年前

南方古猿

※有一个时期是南方古猿和能人并存的。

能人

利用双腿直立行走。

会生火和使用工具。

直立人

住在小房子里，用石头制作工具，进行狩猎。

智人

与现在的我们有直接关联。

蠕动运动

第174页问题答案

小测验　1974年在非洲发现的南方古猿的化石被命名为什么？

狼是一种什么样的动物？

生命

动物

狼和狗的区别

我们经常在故事书里见到大灰狼的身影，但很少有机会见到真正的狼。那么，狼实际上是一种什么样的动物呢？

狼是狗的祖先。据说，一部分种类的狼由于与人类生活在了一起，后来逐渐演变成了狗。因此，狼和狗既非常相似，又有一些不同之处。

举例来说，狼的眼睛是明显的黄色，而狗的眼睛是褐色或者蓝色的。

此外，基本上狗的鼻子到额头之间会有一个明显的高度差，叫作"额段"，但是在狼的鼻子到额头之间，没有这样明显的高度差。

二者的牙齿也存在差异。靠捕食大型动物为生的狼拥有巨大的"裂齿"，用于嚼碎坚硬的骨头和肉，而狗的裂齿则较小。

除此之外，狼的前腿向身体的后方倾斜，而狗的前腿则向身体的前方倾斜；狼的脚印较为细长，而狗的脚印则更接近圆形。

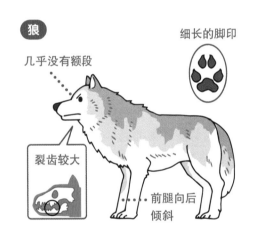

狼
几乎没有额段
细长的脚印
裂齿较大
前腿向后倾斜

狗（柴犬）
有额段
近乎圆形的脚印
裂齿较小
前腿向前倾斜

曾经生活在日本的狼

很久以前，曾经有一种叫作日本狼的狼生活在日本。它们会吃掉糟蹋农田的鹿和野猪，因此被奉为农田的守护神，被供奉在神社里。

但是到了明治时期，随着鹿和野猪的数量减少，同时也由于狼会袭击家畜，狼开始遭到人们的大肆捕杀。加之被狗传染上疾病等原因，到了明治末期，日本狼基本上灭绝了。

要点在这里！
狼是狗的祖先，因此，其外形与狗非常相似，但二者之间也存在不同之处。

小测验　眼睛呈明显的黄色的是狗还是狼？

6 月故事

闪电为什么都是曲曲折折的?

地球
气象

冰粒和气流产生了电

雷电是伴有闪电和雷鸣的一种放电现象,主要是从上升气流引发的积雨云中产生的。

在不断变大的积雨云中,由于气流的方向混乱,会形成旋涡。构成云的冰粒在这种混乱的气流下互相摩擦,产生"静电"(→p.73)。

又大又重的冰粒带有负电,又小又轻的冰粒带有正电,因此在积雨云中,正电会向上走,而负电则会朝着地面的方向向下走。

并且,由于云中能储存的电量是有限的,一旦超过了限量,负电就会与地面上的正电互相吸引,在云和地面之间形成电流,即产生放电,这就是我们常见的闪电现象。

在放电过程中,由于闪电通道中温度骤增,使空气体积急剧膨胀,从而产生冲击波,导致强烈的雷鸣,这就是我们常见的"打雷"。

选择容易导电的地方

电具有在无障碍的地方沿直线传播的性质。但是由于电很难在空气中传播,即使是在云和地面之间的空气中,也会尽量选择较为湿润、容易导电的地方进行传播。

此外,当遇到肉眼看不到的细小尘埃时,电也会改变传播方向。这样一来,就导致闪电变得曲曲折折,朝多个方向散落下来。

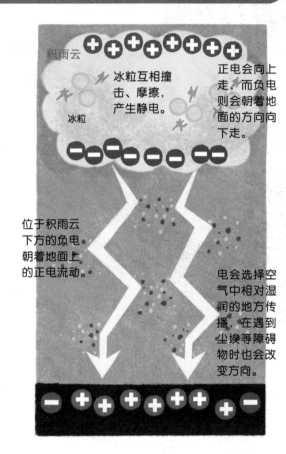

积雨云

冰粒互相撞击、摩擦,产生静电。

冰粒

正电会向上走,而负电则会朝着地面的方向向下走。

位于积雨云下方的负电朝着地面上的正电流动。

电会选择空气中相对湿润的地方传播,在遇到尘埃等障碍物时也会改变方向。

要点在这里!

电会选择空气中相对湿润的地方传播,在遇到尘埃时也会改变方向。因此,闪电看上去是曲曲折折的。

第176页问题答案

狼

小测验 电会在空气中选择什么样的地方传播?

178

IC卡的工作原理是什么?

阅读日期(年 月 日)(年 月 日)(年 月 日)

IC卡的内部结构

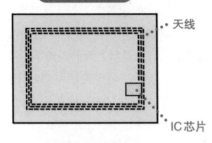

天线

IC芯片

IC卡的使用方法

挥一下

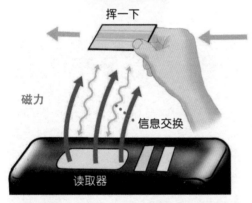

磁力

信息交换

读取器

在读取器上方挥一下卡片,在磁力的作用下,电流就会流向天线,实现信息交换。

要点在这里!

IC卡是利用磁力产生的电,与读取器之间进行信息交换的。

只要刷一下就OK

物质的作用

电

大家用过IC卡(集成电路卡)式的车票吗?只要在车站的闸机口刷一下,听到"滴"的一声,就可以进站乘车了,不需要再专门去买票,非常方便。预先在里面存入一些钱(预存),刷卡后就可以自动扣除应付的票款,即使放在钱包里也可以直接使用。那么,为什么挥一下卡片就能做到这么多事呢?

IC卡里面装入了一种叫作"IC芯片"的电子元件,它能记录大量的信息。IC卡大体可以分为两类,一类是像车票那样,只需要在读取器附近刷一下就可以使用的"非接触式"IC卡,还有一种是需要将卡片插入机器进行读取的"接触式"IC卡。后者主要用于制作银行的储蓄卡等。

检票闸机的磁力

在非接触型的IC卡及其读取器里,都安装了天线,用于进行电波的交换。此外,读取器会产生微弱的磁力,可以在10厘米的半径之内被感应到。在这个范围内挥一下IC卡,在磁力的作用下,电流就会流向天线,使得IC卡和读取器之间能够进行信息交换。

此时,所在车站的相关信息就会被记录在IC芯片上,出站时再将记录到的信息传递给读取器,以扣除相应的票款。

第178页问题答案

湿润的地方

小测验 IC卡中用于记录信息的电子元件叫什么?

如何测定星星与我们之间的距离？

地球
宇宙

星星距离我们极其遥远

我们在夜空中看到的星星，大部分距离我们极其遥远。举例来说，除太阳外，距离地球最近的恒星（像太阳一样能够自己发光的星星）比邻星，距离我们约4.2光年。

"光年"是一个我们平时几乎不会用到的距离单位。1光年指的是光在1年时间里所经过的距离。已知光速约是每秒30万千米（相当于绕地球7周半），因此，1光年的长度约为94,600亿千米。这样算来，我们就会发现，4.2光年是一个非常遥远的距离。那么，这么遥远的距离，究竟是如何测量出来的呢？

历时6个月进行测量

目前，有好几种用于测量我们与星星之间距离的方法，在这里要介绍给大家的，是一种测量距我们较近的星星时用到的方法。

首先，我们对希望测量的星星进行观测，记录下它的位置。接下来，在6个月之后，再对同一颗星星进行观测。由此可以发现，在两次的观测结果中，星星的位置发生了细微的变化。这是因为在6个月的

时间里，地球绕太阳运动了半周，导致我们与星星之间的位置关系发生了变化。测量由此产生的角度差，再利用一些公式，就可以测算出我们与星星之间的距离了。

但是这种三角定位法不适用于距离我们1000光年以上的星星。因为距离过远时，观测的角度偏移很小，无法测量。

> **要点在这里！**
>
> 对于距离我们1000光年以内的星星，可以利用观测到的位置偏移测算出我们与星星之间的距离。

在观测星星后，时隔6个月进行第二次观测，会发现星星的位置发生了细微的变化。利用此时星星位置所产生的偏移，能够测算出我们与星星之间的距离。

IC芯片
第179页问题答案

小测验　测量我们与星星之间的距离时，在第一次对星星进行观测后，要相隔几个月进行下一次观测？

发动机是如何工作的？

物质的作用

磁体

发动机的工作原理

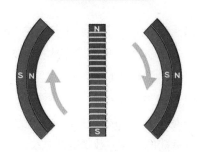

①变成磁铁的线圈与位于其外侧的磁铁的S极、N极相互吸引发生转动。

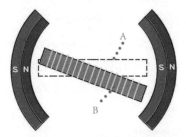

②断电后，线圈虽然失去了磁力，但依然可以继续转下去。

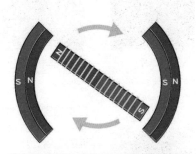

③改变线圈中的电流方向，其S极和N极会发生对调，此时线圈因为与位于其外侧的磁铁的S极、N极相互排斥而发生转动。

变成了磁体的线圈

在我们身边，有很多靠电驱动的物品。这些物品之所以能够工作，是因为用到了发动机。

观察发动机的内部结构，会看到里面有用线一圈一圈缠出来、用于使电流通过的"线圈"，在线圈的周围放置了呈括弧状的磁铁。当线圈通电时，就会变成具有磁性的磁铁。

磁铁有S极和N极，并且具有S极与N极之间相互吸引，S极与S极、N极与N极之间相互排斥的性质。

被吸引从而实现转动

磁铁像括号一样把线圈包起来，一边是靠近线圈的S极，另一边是靠近线圈的N极。当线圈通电后变成磁铁时，受到位于其外侧的磁铁S极和N极的牵引力，开始转动。然后，如图所示，在A时刻停止通电，线圈虽然会失去磁力，但是依然可以继续转下去（B）。此时给线圈通上反方向的电流，其S极和N极会发生对调，线圈也会因为S极与S极之间、N极与N极之间的相互排斥而发生转动。也就是说，每半圈改变一次线圈中的电流方向，让线圈与外侧的磁铁时而排斥、时而吸引，就能让发动机转动起来。

要点在这里！
给线圈通电后，线圈会变成磁铁，与位于其外侧的磁铁时而相互排斥、时而相互吸引，使发动机转动起来。

6个月

第180页问题答案

小测验 与S极相互吸引的是S极还是N极？

日本也有濒临灭绝的生物！

生命
动物

集中在某些小岛上

地球上生活着各种各样的生物。但是其中一些野生物种的数量正在急剧减少，有灭绝的可能性，这些物种被称为"濒危物种"。

据日本环境省发布的"红色名录"统计，在日本，有灭绝危机的生物大约有3600种。其中大部分并不生活在占日本国土面积比例最大的本州岛，而是生活在本州岛附近的小岛上。

这些生物都以与岛上环境相适应的方式生存着。因此，一旦环境发生巨大改变，它们的数量就会立即减少。

生物灭绝的原因

致使岛上环境发生变化、生物灭绝的罪魁祸首正是我们人类。目前，导致生物灭绝的公认的原因主要有以下三点：

第一是环境遭到了破坏。举例来说，原本在日本各地海岸上随处可见的鲎，已经随着人类填海造陆的开发，数量逐渐减少。

第二是"滥捕"，也就是过量捕获生物。日本鳗就是由于滥捕导致其成为濒危物种的。

第三是外来物种（→p.116）的入侵。冲绳县为了治理一种叫作"琉球原矛头蝮"的毒蛇，引入了岛上原本没有的獴科动物。然而獴却没有如人们所愿吃掉毒蛇，而是吃掉了冲绳特有的珍贵物种，引发了严重的后果。

日本的濒危物种

对马

豹猫北方亚种
（对马山猫）

奄美大岛

琉球兔

小笠原群岛

小笠原狐蝠

西表岛

西表山猫

冲绳群岛

冲绳秧鸡

日本的濒危物种大多生活在本州岛附近的小岛上。

要点在这里！

日本约有3600种生物有灭绝的危险（濒危物种）。

小测验　数量急剧减少，有灭绝危险的物种称为什么？

不用闹钟，人们也照样起得来！

阅读日期（　　年　　月　　日）（　　年　　月　　日）（　　年　　月　　日）

生命
❤
人体

藏在体内的生物钟

大家一定有过早上被闹钟叫了好多遍却怎么也起不来的经历吧？但是你知道吗？实际上，即使不用闹钟，人也一样起得来。

在人体内，藏着一个安排好了每天生活节奏的"时钟"。我们把它叫作"生物钟"。人们白天活动，夜里睡觉的基本节奏就是由生物钟设定的。

生物钟每天早上会沐浴着阳光而重置。因此，如果每天早上在固定的时间接受阳光照射，那么人们即使不用闹钟也能起得来。

另外，起床14～16个小时后，大脑就会根据生物钟的命令，分泌出一种叫作"褪黑素"的物质。褪黑素大量分泌后，人就会自然而然地开始犯困。

到了早晨，由于被重置的生物钟不再分泌褪黑素，人类就能够精力十足地开始新一天的活动。

生物钟紊乱怎么办？

但是，如果熬夜或者在夜间受到来自智能手机和游戏机的光线照射，体内的生物钟就会发生紊乱，导致夜间分泌的褪黑素数量减少，人们即使到了夜间也不觉得困。如果这种情况进一步发展下去，就会演变成所谓的"生活习惯病"。

我们一定要注意调整好生物钟的节奏，这样，即使早上不用闹钟叫，我们也一样起得来。

> **要点在这里！**
> 如果每天早上在固定的时间接受阳光照射，生物钟就会被重置，即使不用闹钟人也能起得来。

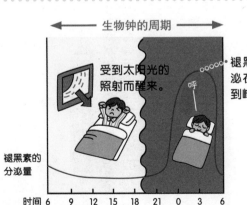

生物钟的周期

受到太阳光的照射而醒来。

褪黑素的分泌在半夜达到峰值

褪黑素的分泌量

时间 6　9　12　15　18　21　0　3　6

夜间受到智能手机和游戏机的光线照射，体内的生物钟就会发生紊乱，导致人们晚上不觉得困，早上也起不来。

濒危物种

第182页问题答案

小测验　藏在我们身体里，安排了白天活动、晚上睡觉这样节奏的"时钟"叫什么？

降水概率高就一定会下大雨吗?

地球

气象

预测是否会下雨

在天气预报中,经常出现"降水概率"这个词。这指的是出现1毫米以上降雨或降雪的概率。

降水概率是按照过去出现相同气象条件时的降雨比例推算出来的。因此,降水概率为100%的意思就是,过去曾经出现过相同气象条件的所有日子都下过雨。但需要注意的是,降水概率表达的是在某个特定时间段内会不会下雨,与降雨量大小无关。

在日本,想要了解降雨量和降雨的强度,可以观看气象厅发布的"实时降水预报"。这项预报每隔5分钟对未来一小时内的降水强度和降水地点预测一次,在预防大雨造成的灾害和指导人们避难方面发挥了重要作用。

为什么降水概率0%的日子也会下雨?

我们有时会发现,明明天气预报说"降水概率0%",却依然下起了雨。其实,这并不是天气预报出了差错。

降水概率是采取四舍五入的方式,以10%为一个单位进行发布的。因此,即使精确的预测结果是降水概率为2%或4%,在发布时经过四舍五入,就会变成降水概率0%。因此,虽然概率不大,但还是会出现天气预报说降水概率0%,却依然下雨的情况。

曾经出现过10次相同的气象条件

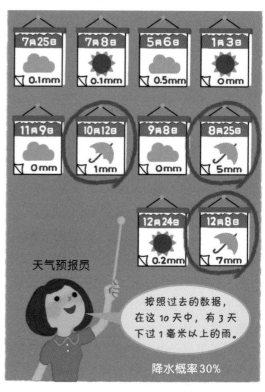

7月25日 0.1mm
7月8日 0.1mm
5月6日 0.5mm
1月3日 0mm

11月9日 0mm
10月12日 1mm
9月8日 0mm
8月25日 5mm

12月24日 0.2mm
12月8日 7mm

天气预报员

按照过去的数据,在这10天中,有3天下过1毫米以上的雨。

降水概率30%

> **要点在这里!**
> 降水概率表示的是这一天是否会下雨,与降雨量的大小没有关系。

小测验 如果天气预报说当天的降水概率是0%,就绝对不会下雨。这种说法对不对?

海底也有山峰和山谷！

阅读日期（　　年　　月　　日）（　　年　　月　　日）（　　年　　月　　日）

地球

大地

让我们来一场海底探险吧

在陆地上，有高山和峡谷。同样，海底也有各种各样的地形。

如果从海岸线出发进入海里，我们首先会来到水深200米以内、地势较为平坦的海底，这个部分叫作大陆架。在这个区域内，生活着大量的浮游生物，也聚集了大量以此为食的鱼类。

进一步向大海深处前进，海水越来越深，之前延续不断的斜面不再延续，我们就逐渐抵达了平坦的海底。通常，这里被叫作深海平原。深海平原上到处分布着凹陷状的圆形或四方形海盆及海底火山，地形非常复杂、辽阔。

此外，这里还有一种非常深的凹陷地带，叫作海沟。海沟是由覆盖在地球表面的板块（→p.168）沉降而形成的，举例来说，位于日本列岛沿太平洋一侧的日本海沟，深度超过了8000米。

喷发出岩浆的海底山脉

在海底，绵延着一种高度在2000～3000米的山脉，我们把它们叫作海岭。在这种山脉的山顶裂缝处，会喷发出蕴藏在地下的岩浆（黏稠的熔岩）。

这些岩浆经海水冷却凝固后，会变成海底新的土地，并随着板块运动以每年几厘米的速度缓慢移动，逐渐扩展开来。

> **要点在这里！**
> 海底有各种各样的地形，包括海底凹陷的海沟、海底山脉海岭等。

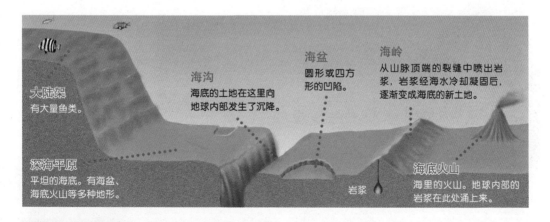

大陆架
有大量鱼类。

深海平原
平坦的海底。有海盆、海底火山等多种地形。

海沟
海底的土地在这里向地球内部发生了沉降。

海盆
圆形或四方形的凹陷。

海岭
从山脉顶端的裂缝中喷出岩浆，岩浆经海水冷却凝固后，逐渐变成海底的新土地。

海底火山
海里的火山。地球内部的岩浆在此处涌上来。

岩浆

第184页问题答案
不对

小测验　喷发岩浆的海底山脉叫什么？

下雨时落下来的水，最终都去了哪里？

物体的性质

水

流入河流和海洋中

降落在山上和森林里的雨水，大多数渗入地下了。一部分作为森林里植物的水分，另一部分则渗入更深的地下，成了地下水。地下水经过很长时间后，会再次出现在地面上，成为泉水或者河水。

在地面被沥青覆盖的城市里，人们设置了专门的雨水收集系统。因为如果能够下渗的地方太少，地面上就很容易积蓄起大量的雨水。因此在城市里，人们通过下水道等设施收集雨水，再将其引入河流和海洋。

换了身份的循环水

雨后，湿漉漉的地面会逐渐变得干爽。这是由于落在地上的雨水被太阳的热量加热，变成了水蒸气（气体）。这种现象叫作"蒸发"。河水和海水也会出现蒸发现象。

水蒸气来到高空，会被周围的冷空气冷却，变成水珠或冰粒。这些小颗粒集结起来就形成了云。

细小的水珠和冰粒在云里紧密结合，逐渐变大、变重，当无法再飘浮于空中时，就会变成雨或雪落下来。

雨水在地面上经过蒸发变成水蒸气，或者流入河流或海洋后被蒸发，升空后变成云，然后再变成雨或雪，如此循环往复。

水的去向

④云的重量达到一定程度后，会变成雨或雪落到地面上。

③在空中，水蒸气变成了水珠和冰粒的集合体（云）。

②河流或海洋里的水被太阳的热量加热，变成水蒸气升到空中。

①雨水流入河流或海洋。

海岭

第185页问题答案

要点在这里！

雨水蒸发升空后变成了云，然后再次变成雨或雪落下来。

小测验　水蒸发后变成了什么？

一天为什么有24个小时?

首先确定了一天的长度

在世界上，无论走到哪里，一天都是24个小时。那么，一天的长度是如何确定的呢？实际上，在人类文明刚刚出现的时候，一天的时间长度就被确定下来了。

距今约4500年前，古巴比伦（位于现在的伊拉克附近）人就开始思考如何确定"一天"这个时间分割了。他们将从日落到下一次日落之间的时间定为一天。

接下来，又将太阳与月亮位于同一方向的新月之日到下一次新月之日之间的时间定为"一个月"。这段时长大约30天。

然后，将随季节变化的太阳的位置每次回到相同位置所需的时间，也就是12次月圆月缺的循环定为"一年"，一年包含12个月。

"时刻"的登场

随着文明的进化，人们需要对时间进行进一步的细致划分。此时用到的就是"日晷"。这是一种将木棒立在地面上，利用太阳运动所形成的影子长短和朝向来了解时间推移的工具。

人们利用日晷，将太阳刚好位于正南方的时刻定为正午，正午之前的时间段叫作上午，之后的时间段叫作下午，再将上下午的时间各自平均分成12份。之所以分成12份，是因为当时的古巴比伦人采用的是12进制的计算方式。

这样一来，一天就被分成了上午的12个小时和下午的12个小时，合起来就是24个小时。

地球
时间

要点在这里！

基于12进制的计算方式，人们把上下午各平均分成12份，合起来就组成了一天的24个小时。

日晷的原理

太阳

据说，之所以时钟的时针被定为向右旋转，是因为在北半球，日晷的影子是沿着向右旋转的方向逐渐推移的。

木棒

太阳发生移动，立在地面上的木棒的影子也会随之发生变化，由此可以看出时间的推移。当影子位于正北方时，太阳位于正南方，此时被定为正午时刻。

水蒸气　第186页问题答案

小测验　利用立在地面上的木棒影子了解时间的工具叫什么？

哭的时候为什么会流鼻涕?

生命

人体

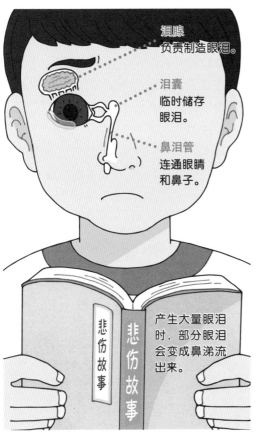

泪腺
负责制造眼泪。

泪囊
临时储存
眼泪。

鼻泪管
连通眼睛
和鼻子。

悲伤故事

悲伤故事

产生大量眼泪
时，部分眼泪
会变成鼻涕流
出来。

眼泪是泪腺产生的

人在大哭时，鼻涕和眼泪会一起流出来。这是为什么呢?

眼泪是由"泪腺"产生的。泪腺位于眼眶外上方额骨的泪腺窝内。眼泪的本质是血液。血液通过泪腺，转化成了眼泪。眼泪之所以不像血液一样呈红色，是使血液呈现红色的红血球（→p.191）无法通过泪腺流出的缘故。

泪腺平时也会持续制造出少量的眼泪，用来滋润眼睛，防止眼睛干涩。

但是，当我们感到伤心或难过时，在控制情感的"自律神经"的作用下，泪腺产生的眼泪的量会远远超出日常的需求。

眼睛和鼻子是连通的

眼睛和鼻子是通过一根叫作"鼻泪管"的细小的管子连通起来的。

在鼻泪管的上方，有一个叫作"泪囊"的地方，可以临时储存眼泪。当泪腺产生大量的眼泪时，经过泪囊的眼泪就会有一部分流入鼻泪管，然后就变成鼻涕流出来。

感冒时流出的鼻涕中含有人体代谢掉的细胞，会呈黏稠状。但是哭泣时流出的鼻涕成分与眼泪基本相同，因此大多是清澈的。当停止流泪时，鼻涕也会自然而然地止住。

要点在这里!

哭泣时产生的大量眼泪，会有部分分流入连通眼睛和鼻子的鼻泪管，变成鼻涕流出来。因此，人们会出现涕泪横流的情况。

小测验　产生眼泪的是什么器官?

宇宙的年龄约为138亿岁！

宇宙的年龄能计算出来吗？

在距今约100年前，美国天文学家哈勃发现距离地球遥远的银河（星星的集合体）正在离地球越来越远。他还发现，每条银河远离地球的速度各不相同，距离越远的银河，远离的速度也越快。

宇宙微波背景辐射从宇宙的各个方向射向地球。

由此，哈勃得出了宇宙正在不断膨胀的结论。并且，他还发现，随着不断远离地球，银河的远离速度会按照一定的比例逐渐加快。人们将表示这一比例的数值称为"哈勃定律"。

对于已知与地球之间距离的银河，利用哈勃定律可以计算出其远离地球的速度。并且，如果将这种速度换算成距离，就能了解到最初远离的时间，也就是宇宙诞生的时间。

然而，随着观测技术的进步，哈勃定律的具体数值也在不断发生变化，至今仍然没有一个确定的答案。并且在最近，有观点认为宇宙的膨胀速度不是固定的，因此很遗憾，目前想要利用这种方法正确计算出宇宙的年龄还是一件很困难的事情。

宇宙中最古老的光

现在，我们利用其他方法了解了宇宙的年龄，即观测宇宙中最古老的光。

现代科学认为，一种被称作"宇宙微波背景辐射"的光来自宇宙诞生后约38万年。

利用人造卫星对这种光进行观测，目前得出的结论是宇宙的年龄约为138亿岁。

> **要点在这里！**
> 通过对宇宙中最古老的光进行观测，目前得出的结论是宇宙的年龄约为138亿岁。

地球

宇宙

泪腺

第188页问题答案

在宇宙中，还有像地球这样的星球吗？

地球

宇宙

太阳系以外也存在行星

从20世纪90年代后半期开始，科学家们陆续发现了在太阳系以外，也存在围绕恒星（像太阳一样自身发光的天体）公转的行星。人们将这些太阳系以外的行星称为"太阳系外行星（系外行星）"。最早被发现的系外行星是像木星一样的巨大气体行星（→p.48）。这些行星有着与太阳系行星截然不同的特点，它们沿距离恒星极近的细长椭圆形轨道运行，仅需数日即可绕恒星公转一周。

2000年左右，科学家们发现了像地球一样由岩石构成的行星。

2009年，人类发射了用于寻找系外行星的开普勒太空望远镜，并由此发现了更多系外行星。截至目前，人类发现的系外行星已多达数千颗。

发现了第二个地球？

在系外行星中，有一颗像地球一样由岩石构成的类地行星，被称为"开普勒452b"。

开普勒452b的直径约为地球的1.6倍，距离地球约1400光年（1光年约等于94,600亿千米）。与恒星之间有着恰到好处的距离，气温与地球也基本相同。目前的观点还认为，其地表可能存在液态水。

此外，在距离地球约470光年的地方还有一颗被称为"开普勒438b"的类地行星。这颗行星与恒星之间也有着恰到好处的距离，目前的观点认为，其气温略高于地球，存在液态水。

如上所述，在太阳系之外，已经发现了被认为具有与地球相似特征的行星。

开普勒452b

· 与地球一样，由岩石构成
· 直径约为地球的1.6倍
· 气温与地球基本相同
· 被认为存在液态水

约1400光年

太空望远镜
在宇宙空间里对在地球上无法清晰观测的天体和宇宙的形态进行观测的望远镜。

要点在这里！

在系外行星中，有一种与地球一样，由岩石构成，并且可能存在液态水的行星。

小测验 位于太阳系以外，围绕恒星公转的行星叫什么？

血液为什么是红色的?

阅读日期(年 月 日)(年 月 日)(年 月 日)

血液的成分

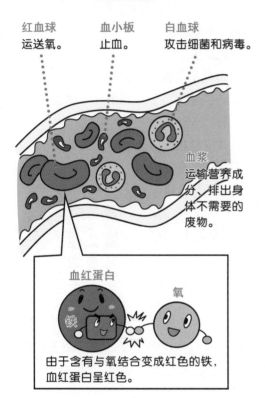

红血球
运送氧。

血小板
止血。

白血球
攻击细菌和病毒。

血浆
运输营养成分、排出身体不需要的废物。

血红蛋白

铁 氧

由于含有与氧结合变成红色的铁，血红蛋白呈红色。

血液的作用

血液是在人或动物体内的血管中不间断流动的液体。或许有些人认为血液只不过是一种红色的液体，然而实际上，血液具备很多人类生存所必需的功能。

血液由四种成分组成，分别是"血浆""红血球""白血球"和"血小板"，它们分别具有不同的重要作用。

例如，血浆的大部分成分是水，它的功能是在体内运输我们从食物中摄取到的营养成分，同时将身体不需要的废物运出体外；红血球通过与氧结合，向身体的各个部位输送氧；白血球会攻击进入人体的细菌和病毒，守护身体健康；血小板会在我们受伤出血时聚集在一起，起到止血的作用。

血液的红色类似于铁锈?

人类的血液之所以看上去是红色的，是因为红血球里含有一种叫作"血红蛋白"的红色物质。

血红蛋白中含有铁。铁具有与氧结合后变为红色的性质。因此，负责运送氧的血红蛋白也呈红色。

大家看到过生了红色铁锈的旧铁钉吗？实际上，这也是铁与空气中的氧结合所形成的。这样想来，或许我们可以说，血液的红色与铁锈的红色是一样的。

生命
人体

要点在这里！

血液中有一种叫作红血球的物质，其中含有的血红蛋白呈红色，因此，血液看起来也是红色的。

第190页问题答案
太阳系外行星（系外行星）

小测验 红血球的血红蛋白中含有的金属元素是银、铁、铜当中的哪一种？

满月有时候也并不那么圆!

地球
月球

什么时候满月会缺一块?

与"日食"现象(→p.59)一样,有时候月亮也会发生"月食"现象。月食是指当月球、地球和太阳处于同一直线上的时候,月球整体或其中的一部分进入地球的阴影中,导致其无法受到太阳光的照射,看起来好像缺了一块的现象。

月食发生在月球和太阳将地球夹在中间,且月球恰好位于地球正对面的"满月"时。但并不是每次满月都会出现月食。由于月球的公转轨道和地球的公转轨道之间有5°的夹角,平常满月时,月球会稍稍偏离地球的影子。

月食的种类

地球的影子分为两种,分别是"本影"(太阳光基本完全被遮盖,较重的影)和"半影"(环绕着本影的,较淡的影)。月球的全部或一部分进入半影的状态叫作"半影月食";月球进入本影的状态叫作"本影月食"。

并且,由于半影是较淡的影,只凭肉眼很难看出月亮是否被遮盖了。因此,平时我们提到的"月食",往往指的是月球进入本影时引发的"本影月食"。

月球全部被本影遮盖的月食叫作"月全食";月球的一部分被本影遮盖的月食叫作"月偏食"。即便在发生月全食的时候,也并不是完全看不见月亮。透过地球大气,太阳的红光会进入本影区域,正是这个原因,此时我们所看到的月亮呈暗红色。

> **要点在这里!**
> 满月时,由于月球进入了地球的影子里,月亮看起来好像缺了一块,此时有可能发生月食现象。

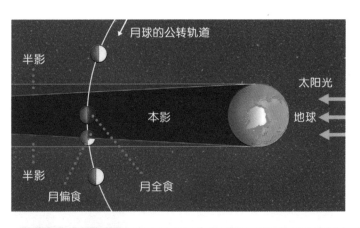

月球的公转轨道
半影
本影
太阳光
地球
半影
月偏食
月全食

缺口越来越大,进入本影区域后,看起来变成了红色。

小测验 月亮处于什么状态时,容易出现月食?

在宇宙空间站里，人和物品为什么都会飘起来？

阅读日期（　　年　　月　　日）（　　年　　月　　日）（　　年　　月　　日）

物质的作用

力

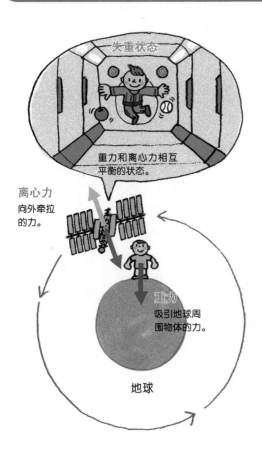

失重状态

重力和离心力相互平衡的状态。

离心力
向外牵拉的力。

重力
吸引地球周围物体的力。

地球

宇宙空间站里是零重力的吗？

我们在电视里看到宇宙空间站内部的样子时，会看到宇航员和里面的物品都是悬浮着的。

平常，我们周围的物品并不能随意飘起来。这是地球的"重力"，也就是地球吸引其周围物体的力在发挥作用的缘故。

然而，在宇宙空间站中，是"零重力状态"。因此，人和物品都会悬浮起来。

但是，在宇宙空间站中，来自地球的重力其实并没有丧失作用。虽然宇宙空间站在距离地面约400千米的地方飞行，但实际上，在这样的距离下，重力所产生的作用与在地面上基本相同。

两种力的作用

那么，为什么在宇宙空间站中，会出现零重力状态呢？这与另一种发挥作用的力——"离心力"有关。

宇宙空间站绕着地球飞行。此时，它会产生一种向外的离心力（→p.146）。

当作用于宇宙空间站的重力和离心力相互平衡时，就会出现与失去重力相同的状态。也就是说，变成了零重力状态。

然而，由于在宇宙空间站中，重力也是在发挥作用的，所以严格来讲，这种状态应该叫作"失重状态"。

要点在这里！

在宇宙空间站中，之所以会处于失重状态，是因为重力和离心力达到了相互平衡。

満月

第192页问题答案

小测验　在宇宙空间站中，人和物品都悬浮起来的状态叫什么？

沙漠在很久以前曾经是森林！

阅读日期（　　年　　月　　日）（　　年　　月　　日）（　　年　　月　　日）

地球

大地

约5000年前曾经是森林

位于非洲大陆北部的沙漠——撒哈拉沙漠，面积约为900万平方千米，几乎相当于美国的国土面积。

由于沙漠中降水极少，很少有植物生存，所以对于动物来讲，生存环境非常艰苦。

然而，在距今约5000年前，撒哈拉沙漠所在地曾经是生机盎然的森林，有大量生物繁衍生息。

但是后来，那里逐渐变得干燥，并形成了如今这样干燥的气候条件，最终成了一片沙漠。

容易变成沙漠的地方

除了撒哈拉沙漠，世界上还有几个大沙漠，总面积约占地球陆地面积的七分之一。

在地球上，容易变成沙漠的地区具备以下四个条件：

（1）位于赤道附近，具有令雨水快速蒸发的干燥空气（北纬20～30度及南纬20～30度）的地方。

（2）远离海洋的较为干燥的地方。

（3）有越过山脉的干燥的风吹过的地方。

（4）空气在冰冷的海水上方被冷却过，很难形成降雨的地方。

但是目前，随着气候变化和人类的滥砍滥伐，像撒哈拉一样原本不是沙漠的地方，也逐渐出现了沙漠化扩大的问题。

> **要点在这里！**
> 由于气候变化，非洲的部分土地变得干旱，形成了撒哈拉沙漠。

沙漠的形成过程

①干旱土地上的岩石受到太阳光的照射，岩石温度升高，发生膨胀。

②夜晚气温迅速下降，岩石收缩，变得脆弱。

③崩裂的岩石变成了小石块和砂石，被风刮到各处，堆积起来形成沙漠。

小测验　　在地球上，沙漠约占陆地面积的几分之一？

我们的祖先是一群什么样的人？

生命 ♥ 进化

来自亚洲的人们

人类是沿着南方古猿→能人→直立人→智人的路线进化而来的。与现在的人类直接相关的，是其中的智人。智人诞生于非洲，之后经亚欧大陆向全世界扩散（→p.175）。

他们中来自南亚的南方系人种，在距今2～3万年前来到日本列岛，开始构筑独有的文化。现在，我们称其为绳文人。他们是日本人的祖先。

到了距今约2500年前，来自亚洲北部的北方系人种来到日本列岛。后来，他们被称为弥生人，也是日本人的祖先。是他们将水稻种植技术带到了日本。

此外，在北海道地区，有一群人被称为阿伊努人，他们在那里构建起独特的文化。

与气候相适应的面部特征

绳文人（南方系）和弥生人（北方系）有着截然不同的面部特征。绳文人的面部整体立体感强，有双眼皮及浓重的眉毛和胡须。而弥生人的面部则较为扁平，单眼皮，眉毛等毛发颜色较淡。

这种差异缘于人们与气候之间的适应关系。

生活在寒冷地区的人，如果五官过于立体，会容易造成冻伤。因此，长期生活在寒冷的亚洲北部的弥生人面部较为扁平。

绳文人
眉毛粗重
双眼皮
胡须
面部立体感较强

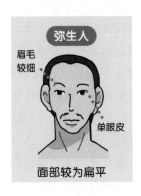

弥生人
眉毛较细
单眼皮
面部较为扁平

要点在这里！

从亚洲各地移居到日本的人们成了日本人的祖先。

约七分之一 　第194页问题答案

小测验　距今约2500年前来到日本的北方系人种，后来被称为什么？

蜗牛为什么会有一个像贝壳一样的壳？

生命
♥
动物

蜗牛是螺类的近亲

每到雨水充沛的梅雨季节，我们经常会看见背着壳慢慢移动的蜗牛。提到带壳的生物，我们想到的大部分是海洋生物，例如杂色蛤螺、文蛤、海螺等。那么，为什么生活在陆地上的蜗牛也有壳呢？

或许你会认为蜗牛是虫类的一员，但实际上，它与有着螺旋状壳的螺类是近亲。在

距今约4亿年前，大量生物从海洋来到陆地上，开始了陆地生活。那个时候，也有螺类的成员来到陆地上，后来逐渐演变成了现在的蜗牛。一般来讲，螺类与鱼类一样，用"鳃"呼吸（→p.56），但蜗牛却是用肺部进行呼吸的。

蜗牛壳的作用

蜗牛体内会分泌出一种叫作"石灰质"的物质，蜗牛的壳就是以它为原料制造的。由于壳是蜗牛身体的一部分，随着蜗牛不断长大，壳也会随之变大，即使遭到损坏，也能很快修复。大多数蜗牛很怕干燥，因此，壳除了帮助它们抵御外敌、保全自身，还对防止体内的水分流失发挥着非常重要的作用。到了空气干燥的冬季，蜗牛就会缩进壳里，在入口处封上一层膜开始冬眠。

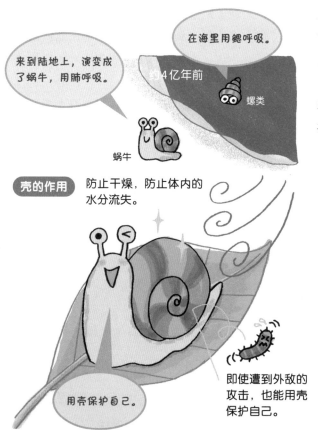

来到陆地上，演变成了蜗牛，用肺呼吸。

在海里用鳃呼吸。

约4亿年前

螺类

蜗牛

壳的作用 防止干燥，防止体内的水分流失。

用壳保护自己。

即使遭到外敌的攻击，也能用壳保护自己。

要点在这里！ 蜗牛是螺类的近亲，有着和螺类一样呈螺旋状的壳。

小测验 蜗牛的壳是用体内分泌的什么为原料制造的？

彩虹不是由七种颜色构成的？

6 月
20 日

阅读日期（　　年　　月　　日）（　　年　　月　　日）（　　年　　月　　日）

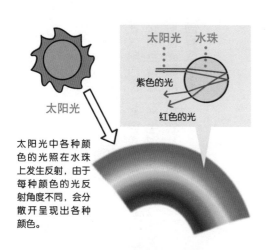

太阳光

太阳光中各种颜色的光照在水珠上发生反射，由于每种颜色的光反射角度不同，会分散呈现出各种颜色。

彩虹颜色数量的不同说法

中国和日本	美国和英国	德国
赤、橙、黄、绿、青、蓝、紫7种颜色。	赤、橙、黄、绿、蓝、紫6种颜色。	赤、黄、绿、蓝、紫5种颜色。

要点在这里！

彩虹由组成太阳光的各种颜色共同构成。具体能看到几种颜色，各国的说法不同。

太阳光"制造"了彩虹

挂在天空中的彩虹由红、黄、蓝、绿等很多种颜色构成。之所以会这样，是因为彩虹是由太阳光"制造"出来的。

我们都知道，太阳光是由多种颜色的光组成的。但是，由于这些光平时交织在一起，我们无法单独看出其中的每一种颜色。但是，一旦这些光分散开，就形成了美丽的彩虹。

雨后的空气中含有大量的水珠，太阳光照在水珠上会发生反射。

此时，光会从空气进入水珠里，然后又从水珠里回到空气中。之前我们讲过，光具有通过空气和水的交界处时传播路线发生弯曲（折射）的性质，因此，当光从水珠回到空气中时，各种颜色的光线就会分散开，形成我们看到的彩虹。

彩虹有多少种颜色？

如果被问到"彩虹有多少种颜色"，在中国和日本，大多数人的答案是"7种"。的确，图画中的彩虹都有赤、橙、黄、绿、青、蓝、紫7种颜色。但实际上，真正的彩虹看上去颜色区分并不那么清晰，因此，"彩虹有多少种颜色"这个问题，各个国家的答案并不统一。

据说，人们认为彩虹有7种颜色的说法源自英国科学家牛顿的理论："7是神圣的数字，因为音阶也是7个。"

物质的作用

光

石灰质

第196页问题答案

小测验　形成彩虹时，反射太阳光的是空气中的什么？

6 月
21 日

太阳为什么会发光?

阅读日期（　　年　　月　　日）（　　年　　月　　日）（　　年　　月　　日）

地球

太阳

太阳是由什么构成的？

太阳的直径约为140万千米，相当于地球的109倍。体积如此巨大的太阳，基本上是由一种叫作氢的物质构成的。

在太阳的中心区域，在其自身重力的作用下，氢被压缩，密度和温度都变得非常高。并且，由于氢原子的原子核互相碰撞，会产生一种叫作氦的原子。当氢的原子核转化为氦时，质量（重量）会略有减轻，减轻了的质量又转化成了能量。这种现象叫作"核聚变反应"。在太阳内部，核聚变反应产生了巨大的能量。

太阳内部所产生的能量逐渐被传导到外部，使其表面释放出光和热。

太阳光中包含的物质

太阳光中混合了各种颜色的光。我们能用肉眼看到的被称为可视光。彩虹就是能看到各种颜色的可视光现象（→p.197）。

然而，太阳光中既有像彩虹一样肉眼看得到的光，也有像紫外线（→p.357）和红外线（→p.42）这样，肉眼看不到的光。强烈的紫外线和红外线会伤害眼睛，因此，我们不能直视刺眼的太阳光。

> **要点在这里！**
>
> 在太阳内部，氢原子的原子核相互碰撞，产生能量，能量以光和热的形式从太阳表面释放出来。

太阳

辐射层
能量以波的形式向外传导。

对流层
能量通过气体的上下运动向外传导。

核心 发生核聚变反应。

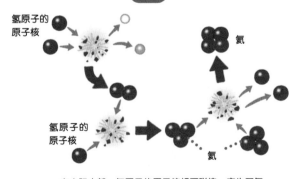

氢原子的原子核

氢原子的原子核

氦

氦

在太阳内部，氢原子的原子核相互碰撞，产生了氦。

第197页问题答案 水珠

小测验 太阳内部氢原子的原子核相互碰撞，会产生什么？

水黾为什么不会沉入水中?

轻盈的身体和腿上的油

在河边或者池塘边,我们有时会看到水黾在水面上轻盈地走来走去。为什么水黾不会沉到水底,而可以在水面上行走呢?

造成这种现象的原因主要有三个:

第一个原因,水黾的体重非常轻。

水黾的体重只有区区0.02克,约为1日元硬币(重1克)的五十分之一。

水面上的水黾

绒毛
绒毛上的油脂可以防水。

体重约0.02克
(1日元硬币的五十分之一)

腿
水分子试图像橡胶膜一样,让扩大的表面积恢复原状。

水分子

第二个原因,水黾独特的腿部构造。

在水黾细长的腿部末端,覆盖着细密的绒毛。这些绒毛会产生油脂,而油脂是可以防水的。

水黾通过腿部的相互摩擦使腿部布满油脂,防止腿被水打湿。

利用水的性质

第三个原因,水的性质。

水是由一种叫作水分子的小颗粒集结而成的(→p.38)。在水的表面,水分子会通过相互吸引,结合在一起,尽可能使其表面积最小化。我们将这种性质称作"表面张力"(→p.101)。水黾在水上行走时,水的表面会出现凹陷,使其表面积变大,而在表面张力的作用下,水会努力恢复原来的状态。水黾正是利用了这种力,才得以在水面上自由行走。

要点在这里!

水黾身体非常轻盈,而且能从腿部分泌出防水的油脂,同时利用水的表面张力实现在水面上行走。

生命

虫类

氦

第198页问题答案

小测验　水黾的腿部末端能分泌什么东西?

保鲜膜为什么能粘在餐具上?

阅读日期（　　年　　月　　日）（　　年　　月　　日）（　　年　　月　　日）

非常薄的薄片

将食物放入冰箱中保存，或者用微波炉加热食品时用到的保鲜膜，能够帮助食物保持水分和美味。此外，由于其耐热性强，在加热时使用十分方便。

保鲜膜是将"聚偏氯乙烯"等原料溶化后，拉伸成薄膜制成的。厚度仅为1毫米的百分之一。

具有平整且易于黏合的性质

这样薄薄的、滑滑的保鲜膜，为什么能够轻而易举地粘在餐具上呢？

保鲜膜的表面非常平整，没有任何凹凸。当物体之间无缝接触时，会产生一种相互吸引的力，接触面积越大，这种力也就越大。换句话说，表面平整的保鲜膜在与餐具等无缝接触时，彼此之间产生的吸引力会变强。

此外，当我们从盒子里取用保鲜膜时，保鲜膜上其实蓄积了一种叫作"静电"的电（→p.73）。静电是物体摩擦时产生的电。衣物摩擦后能吸引头发，也是静电在其中发挥了作用。电分为正电和负电，二者相互吸引，所以蓄积在保鲜膜上带负电的静电能够让保鲜膜牢牢粘在餐具上。

此外，保鲜膜还具有伸缩力，被拉伸开的保鲜膜会产生想要恢复原状的力，这种力也可以帮助其牢牢粘在餐具上。

保鲜膜粘贴的原理

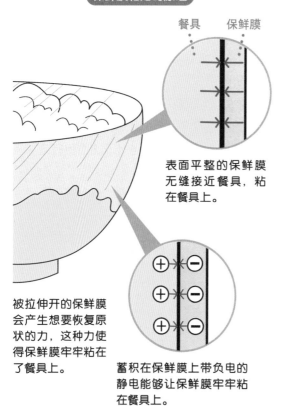

餐具　保鲜膜

表面平整的保鲜膜无缝接近餐具，粘在餐具上。

被拉伸开的保鲜膜会产生想要恢复原状的力，这种力使得保鲜膜牢牢粘在了餐具上。

蓄积在保鲜膜上带负电的静电能够让保鲜膜牢牢粘在餐具上。

要点在这里！

保鲜膜表面平整，带有静电，并且具有伸缩力，可以牢牢粘在餐具等物品上。

小测验　将保鲜膜从盒子里取出时，蓄积在保鲜膜上的电叫什么？

彗星给地球带来了生命?

发现了一种氨基酸

一般来讲，人们认为地球上最早出现的生物是诞生于地球上的（→p.99）。然而，有一种学说认为，最早的生物是乘着彗星来到地球上的。

彗星是一种围绕太阳运转的天体（→p.88）。当接近太阳时，彗星会释放出部分气体和尘埃，看上去好像拖着一条长长的尾巴，因此，也被叫作"扫帚星"。

之所以有观点认为彗星给地球上带来了作为生命起源的生物，是因为在彗星上发现了一种叫作"氨基酸"的物质。

我们的身体是由一种叫作"蛋白质"的物质构成的，而构成蛋白质的基本单位正是氨基酸。

并且，人们还在彗星上发现了一种叫作"磷"的物质。而磷，是我们体内细胞膜和细胞中的"DNA"里面所含有的物质（→p.95）。

在地球诞生之初，曾经有大量的陨石和彗星撞击地球，据说生命的起源就是在这样的撞击中被带到地球上的。

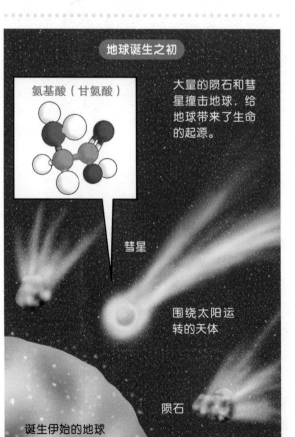

地球诞生之初

氨基酸（甘氨酸）

大量的陨石和彗星撞击地球，给地球带来了生命的起源。

彗星

围绕太阳运转的天体

陨石

诞生伊始的地球

从宇宙空间落下的物质

彗星还带来了水?

地球表面大部分面积被海洋覆盖。直到前一段时间，一直有说法认为这些水也是彗星带来的。

然而，由于彗星上水的成分与地球上不同，目前的观点认为，地球上的水并非来自彗星，而是来自撞击地球的小行星。

要点在这里！
由于在彗星上发现了一种氨基酸，有一种说法认为，是彗星给地球带来了生命的起源。

地球

太阳系

静电　第200页问题答案

小测验　在彗星上发现的什么物质，是构成人体蛋白质的基本单位？

青蛙叫就会下雨吗？

6月

25日

阅读日期（ 　年　 月　 日）（ 　年　 月　 日）（ 　年　 月　 　日）

地球

气象

青蛙能够感知气压的变化

自古以来就有"青蛙叫，会下雨"的传言。这并不是一种迷信的说法，而是在某种程度上能够用科学加以解释的现象。

青蛙分为许多不同的种类。其中，据说雄性的日本雨蛙能够感知天气影响所导致的气压变化（→p.65）。因此，它会在下雨前呱呱地叫。

由于日本雨蛙的皮肤比其他品种的青蛙更薄，通过皮肤的呼吸，它们能够感知湿度和气压的变化。相反，皮肤较厚的青蛙则不具备这样的能力。

当然，并不是说听到日本雨蛙叫就一定会下雨，但是与保持安静的时候相比，它们叫起来的时候下雨的概率更大。

关于天气的民间说法

在不能像现在这样科学地进行天气预报的年代，人们会通过类似"青蛙叫，会下雨"这样的民间说法预测天气。

这些说法多是通过观察自然现象得出的。

世界各地流传着各种关于天气的民间说法。其中全世界都公认的一条就是"朝霞不出门，晚霞行千里"。

除此之外，在日本，类似的说法还有"燕子飞得低会下雨""早晨蜘蛛织网就是大晴天""蚯蚓钻出地面要下大雨"，等等。

雨后，青蛙没有必要一直待在湿漉漉的地面上，因此会跳到高处。

空气中的小颗粒　　水分

感知湿度和气压的变化。

青蛙的皮肤表面覆盖着黏液。这种黏液一旦变干，它们就会无法呼吸，因此，青蛙总是待在水边。

> **要点在这里！**
>
> 雄性日本雨蛙能够感知湿度和气压的变化，会在下雨前呱呱叫。

氨基酸
第201页问题答案

小测验　　会在下雨前呱呱叫的日本雨蛙是雄性还是雌性？

人类的身体是由什么构成的?

体内的含水量

婴儿
水分约占体重的
70%。

成年人
水分约占体重的
60%。

老年人
水分约占体重的
50% ~ 55%。

含量最多的是水

人们每天靠吃饭、喝水维持生存。换句话说,人的身体是靠从食物和水中汲取营养而维持运转的。

在人体内,含量最多的物质就是水。人体内的水分含量约占体重的60%。水存在于人体的肌肉,以及构成人体的无数细胞内部、细胞间的空隙里和血液中。

占比仅次于水的是一种叫作"蛋白质"的物质。蛋白质构成了肌肉和皮肤等器官。

此外,"碳水化合物"和"脂肪"以体内脂肪的形式蓄积在人体内,并根据需要转化为呼吸、运动和保持稳定的体温所需的能量。

婴儿的体内水分含量尤其高,约占体重的70%。与此相反,随着年龄的增加,人体内的水分含量会逐渐减少。老年人的体内水分含量约占体重的50% ~ 55%。

这是随着年龄的增长,含水分较多的肌肉逐渐减少,身体无法再储存水分的缘故。

脱 水

在天气炎热时,人体内一旦失去过多水分,就会出现"脱水症状"。此时,人们无法排汗,体温上升,血液循环变慢,身体各项机能无法正常运转。

因此,在我们的体内,必须要一直保持一定量的水分。

要点在这里!

成年人的体内约60%是水分。除此之外,还有蛋白质、碳水化合物和脂肪等物质。

雄性 第202页问题答案

小测验 体内水分不足,导致身体无法正常工作的状态叫什么?

自行车在行驶过程中为什么不会倒？

物质的作用

力

作用于轮胎的力

处于静止状态的自行车，如果失去支撑，就会马上倾倒，但是在行驶过程中的自行车却不会倒，这究竟是为什么呢？

自行车不会倒有多种原因。举例来说，像车轮一样处于旋转中的物体，具有保持其旋转方向的惯性。这叫作"陀螺效应"。

旋转中的陀螺之所以不会倒，也是陀螺效应在发挥作用。处于行驶状态的自行车很难倾倒，也被认为与转动的车轮所产生的陀螺效应有关。

此外，自行车在设计中加入了保持自身稳定的结构，这也是自行车在前进中不易倾倒的原因之一。

无意当中保持平衡

在骑自行车时，我们的动作也起到了重要的作用。

我们骑自行车的时候，如果车子向左倾，我们就会在调整左侧车把的同时，使体重向右偏移；如果车子向右倾，就会采取与上述相反的动作，使车身恢复平衡。

无意间不断重复这些细微动作，也是自行车不发生倾倒的重要原因。

要点在这里！

陀螺效应会作用于行驶中的自行车，加上骑车人保持平衡的各种动作，使得车辆不容易发生倾倒。

车辆停下来时，由于陀螺效应不发挥作用，车辆会发生倾倒。

车轮处于转动状态时，陀螺效应发挥作用，使得车辆不容易倾倒。

发生倾斜时保持平衡

车身向左倾斜时　　车身向右倾斜时

我们靠调整车把、使体重偏移取得平衡，让车辆不容易倾倒。

脱水症状
第203页问题答案

小测验　处于旋转状态下的物体，具有保持其旋转方向的惯性，这叫什么效应？

鲨鱼有多种繁殖方式！

阅读日期（　年　月　日）（　年　月　日）（　年　月　日）

生命
♥
鱼类

鲨鱼的生殖型

你认为鱼类是如何繁衍后代的？通常，我们都认为鱼类是靠大量产卵来繁衍后代的，但是鲨鱼的生殖型有3种：卵生型、卵胎生和胎生型。

卵生的鲨鱼包括虎鲨科、须鲨科、鲸鲨科和猫鲨科等。这些鲨鱼的卵并不是圆形的。

比如，阴影绒毛鲨的卵两端有螺旋状的钩子，可以用来钩住海藻，使卵不被海里的水流冲走；宽纹虎鲨的卵呈螺丝钉的形状，可以通过固定在岩石缝隙等处避免被水冲走。

鲨鱼每次的产卵数量较少，但是卵的体积较大，因此，最终孕育出的后代体积也较大。

卵胎生的鲨鱼，如角鲨，其受精卵在雌体子宫内，胎儿借巨大的卵黄营养发育，产出仔鱼。较特殊的是鲸鲨科、长尾鲨科和锥齿鲨科，它们卵黄囊均较小。如锥齿鲨，卵只有豌豆般大，同时可排出15～20个卵，其中有一卵发育特别快，将同一卵囊内的其他卵和胎儿吃掉。每一子宫内只有1个胎儿成长。

皱唇鲨科的灰星鲨、真鲨科和双髻鲨科的大多数种为胎生，胎儿与母体发生血液循环上的关系。

卵生

阴影绒毛鲨的卵

两端有螺旋状的钩子

宽纹虎鲨的卵

形状像螺丝钉

卵胎生

胎生

胎盘型

脐带

卵黄

利用卵黄的营养发育

胎盘

利用胎盘的营养发育

卵

将同一卵囊内的其他卵和胎儿吃掉

与其他鱼类不同，鲨鱼不仅有卵生的，还有其他两种繁殖方式。

要点在这里！

陀螺效应
第204页问题答案

小测验　鲨鱼的生殖型有哪3种？

人体内有多达1千克的细菌！

生命

人体

生活在大肠内的细菌

我们吃下去的食物，首先在胃里变成黏稠状。然后，经由小肠吸收其中的营养成分，最终输送到大肠。

在大肠内，一种被称为"肠道细菌"的菌类会将食物残渣吃掉。据说，大肠里有多达上千种肠道细菌，总数在6万亿~10万亿个。并且，肠道细菌的总重量可达1~1.5千克。

在肠道细菌中，有好的细菌，也有不好的细菌。对身体起到积极作用的细菌叫作"有益菌"。与之相反，给人体带来负面影响的细菌叫作"有害菌"。并且，平时看似老实的有害菌，一旦数量增加，还可能会变成一种叫作"机会致病菌"的细菌。

这些细菌时而联合、时而展开竞争，数量也时增时减。健康的人体内有益菌较多，有害菌较少。

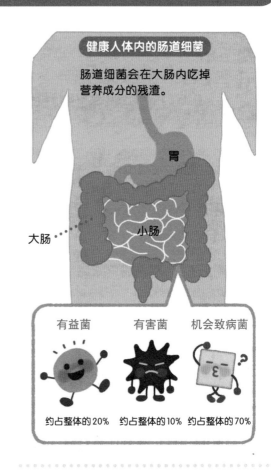

健康人体内的肠道细菌

肠道细菌会在大肠内吃掉营养成分的残渣。

胃

大肠 ······ 小肠

有益菌	有害菌	机会致病菌
约占整体的20%	约占整体的10%	约占整体的70%

通过粪便看出菌群平衡

肠道细菌会以存活的状态出现在粪便中。因此，如果仔细观察粪便，就能看出肠道菌群的平衡状况。

如果每天排出2~3根香蕉状的粪便，就说明体内的有益菌增多了；排出干硬的球状粪便或水状粪便时，就说明体内的有害菌增多了。

据说，当体内有害菌变多时，可以饮用酸奶，利用酸奶中含有的益生菌来增加体内的有益菌。

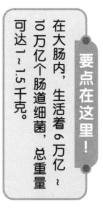

要点在这里！

在大肠内，生活着6万亿~10万亿个肠道细菌，总重量可达1~1.5千克。

小测验　生活在大肠内，会给身体造成负面影响的细菌叫什么？

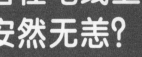

物质的作用

电

不易导电

停在一根电线上……

麻雀的两脚之间没有电压差，电流会选择经由更易导电的电线流过，因此不会发生触电。

同时接触两根电线……

由于电流会从电压较高的电线流向电压较低的电线，因此麻雀会触电。

我们站在电压较低的地面上，身体容易导电，即便只触碰一根电线，也会造成触电。（危险！）

要点在这里！

电流会选择具有电压差，或者容易导电的地方流动，因此，站在一根电线上的麻雀体内没有电流经过，不会触电。

电的性质

电线里流动着非常强的电流。这种电流一旦流经体内，就会发生"触电"，给生命带来危险。

为避免发生触电，大部分电线都包裹了塑料等不易导电的材料，因此，小麻雀即使触碰到电线也不会触电。

那么，如果是裸露的电线，情况又会是什么样呢？

与电压（使电流动的力）高的地方相比，电在电压低的地方更易流动。停在电线上的小麻雀，两脚之间的间距很小，几乎不会产生电压差。此外，麻雀身体的导电性比电线要差，即使站在一根电线上，电也会选择在更易导电的电线中流动，而不会选择流经麻雀体内。因此，此时麻雀不会触电。

麻雀会触电的情况

如果麻雀刚好同时触到了具有电压差的两根电线，情况又会是怎样的呢？此时，电流会经过麻雀的身体，从电压高的电线流向电压低的电线，麻雀就会触电。

那么，如果我们在双脚着地的状态下触碰到了裸露的电线，会怎么样呢？此时，地面处于电压较低的状态，即便是只触碰一根电线，电也会流经我们的体内，造成触电。

有害菌

第206页问题答案

金属的秘密

我们在日常生活中，会用到各种各样的金属。让我们一起来了解一下金属的基本性质。

金属的共性

与其他物质相比，金属具有以下共性。

敲打时具有极好的延展性

对金属进行敲打，其会延展成宽大的薄片。比如，常用于建筑装饰的"金箔"，就是对金子进行敲打后得到的，其厚度只有万分之一毫米。

打磨后具有光泽

金属表面被打磨后，在光的反射下会闪闪发光。我们称其为"光泽"。闪闪发光的汤匙可以照出我们的脸。实际上，在遥远的古代，人们就曾使用过用金属打磨成的镜子。

导电性

世界上有导电的物质和不导电的物质，金属都属于导电的物质。因此，我们身边用于传导电流的电线等也都用到了金属。

导热性

金属接触热源后，会很快导热，变得很烫。我们日常用的炒锅、平底锅等炊具之所以大多用金属制成，正是利用了金属的这种性质。

我们身边的金属

　　在我们身边种类繁多的金属中，最具代表性的是以下几种。很多情况下，我们用到的并不是一种单纯的金属，而是金属与其他物质混合制成的"合金"。

铁

　　铁易于加工，且产量远高于其他金属。从我们身边的工具到建筑材料，铁的应用范围极其广泛。铁还可以与磁铁相互吸引。但是，铁容易与空气中的氧结合，产生铁锈（→p.134）。

铜

　　铜的导电性极好，常被用来制造电线。此外，日本的10日元硬币的成分中，有90%是铜。铜具有极易导热的性质，不会与磁铁相互吸引。铜与空气接触会产生绿色的铜锈。

铝

　　铝是一种比铜和铁质量更轻的金属，具有不与磁铁相互吸引和不易生锈的特点，可用来做质量轻且强度高的合金。铝常用于制造碳酸饮料的饮料罐，可以作为珍贵的资源被循环利用。日本的1日元硬币是用铝制成的。

镍

　　镍具有极具光泽和不易生锈的特点，常用于电镀（为保护金属，在其表面薄薄地涂一层其他金属）。日本的50日元和100日元的硬币中含有镍。这两种硬币都是由75%的铜和25%的镍熔炼而成的。

氧气和二氧化碳

我们身边的空气中混合了各种气体（→p.44）。其中对我们来说最重要的就是氧气和二氧化碳。

"呼吸"和"光合作用"

动物，包括我们人类在内，如果不通过"呼吸"向体内输送氧，就无法生存下去。这是因为产生身体活动所需要的能量必须要用到氧。另外，我们的身体在制造能量时，同时也会产生二氧化碳。但二氧化碳并不是身体需要的物质，因此，它会随着呼吸被排出体外。

植物也同样会呼吸。白天，植物发生"光合作用"，利用太阳光，从水和二氧化碳中制造养分（→p.281），并将这一过程中产生的氧释放到空气中。由于白天的光合作用较为繁忙，植物看起来似乎并没有在呼吸，然而实际上，植物一直在不停地呼吸。到了夜晚，植物不再进行光合作用，而是吸入氧气，释放出二氧化碳。

没有氧，物体无法产生燃烧

"物体燃烧"指的是该物体与空气中的氧剧烈结合的现象。换句话说，如果没有氧，物体就无法产生燃烧现象。

我们身边的二氧化碳

二氧化碳以各种形式存在于我们身边。用于冷却的干冰和碳酸饮料里面的气泡，其实都是二氧化碳。

干冰	碳酸水

干冰是二氧化碳冷冻制成的。	碳酸水是将二氧化碳溶于水制成的。